<u>A tod@s los que quieran aprender</u>

ISBN: 9798837817342

Sobre el Autor

Ernesto Rodriguez es Ingeniero Técnico Industrial y Profesor de Educación Secundaria durante 18 años del área de Tecnología y de Formación Profesional Rama Eléctrica.

En su labor docente sigue el lema: "Todo el mundo puede aprender si se le enseña adecuadamente".

Introducción del Autor:

La claves para aprender los automatismos de lógica cableada son 3:

- **Los Dispositivos o Componentes**: Conocer el funcionamiento de los dispositivos con los que se trabaja en la realización de los automatismos.

- **La simbología**: conocer perfectamente los símbolos utilizados en la realización de los esquemas.

- **Los esquemas básicos**: entender y comprender los esquemas básicos de los principales automatismos.

A la hora de escribir este libro me he guiado por estas 3 claves para que puedas aprender a realizar cualquier automatismo, sea cual sea su dificultad.

También hemos escrito varios apartados explicando los automatismos de lógica programada mediante autómatas programables o PLCs.

Espero que con este libro logres llegar a los objetivos que tengas marcados respecto al aprendizaje de los automatismos eléctricos.

Otros Libros del Autor

- **Circuitos Eléctricos**: Un libro sencillo y fácil de aprender con todos los conocimientos básicos de electricidad y los cálculos en circuitos eléctricos de corriente contínua y alterna.

- **Instalaciones Fotovoltaicas**: Componentes, Cálculo y Diseño de Instalaciones Solares fotovoltaicas. Aprende de forma fácil todos los tipos de instalaciones fotovoltaicas: Aisladas de Red, Conectadas a Red y de Autoconsumo.

- **Máquinas Eléctricas**: Todas las máquinas eléctricas, los motores, los generadores y los transformadores.

- **Electrónica Básica**: ¿Quieres aprender electrónica pero tienes miedo que sea muy difícil? Este es tu libro. Un libro sencillo y fácil de aprender con todos los conocimientos básicos sobre electrónica.

- **Electrónica Digital**: Los fundamentos de la electrónica digital desde cero. Aprende electrónica digital sin necesidad de conocimientos previos.

- **Fundamentos de Programación**: Aprende a programar de forma fácil sin necesidad de conocimientos previos. Además un curso de JavaScript Gratis.

- **101 Problemas de Lógica**: Juegos para agilizar la mente.

- **Estilo Compadre**: Su primera novela. Una novela policial y romántica, donde el pasado vuelve para traer inesperadas consecuencias.

Todos los puedes comprar en la página web del autor en Amazon web "Ernesto Rodriguez Arias".

ÍNDICE DE CONTENIDOS

Automatismos Eléctricos y Tipos

El hombre siempre tuvo la necesidad de construir **mecanismos capaces de ejecutar tareas repetitivas** y de controlar determinadas operaciones **sin la intervención de un operador humano**, lo que **dio lugar a los llamados automatismos**.

La automatización es la sustitución de la acción humana por mecanismos movidos por una fuente externa de energía, capaz de realizar ciclos completos de operaciones que se pueden repetir indefinidamente.

Si hablamos de **automatización eléctrica**, normalmente se refiere al **control (mando y regulación) de las máquinas eléctricas**.

Los automatismos eléctricos son los circuitos y elementos que se utilizan para realizar el control automático de las máquinas eléctricas.

Un automatismo eléctrico está formado por un conjunto de aparatos, componentes y elementos eléctricos que nos permiten la conexión, desconexión o regulación de la energía eléctrica procedente de la red eléctrica hacia los receptores como los motores eléctricos, lámparas, etc.

En función de la tecnología empleada para la implementación de un sistema de control podemos distinguir entre:

- **Automatismos Cableados**: Los automatismos cableados son aquellos que se implementan por medio de uniones físicas entre los que forman el sistema de control.

Se construyen mediante circuitos con **uniones físicas de cables** que unen eléctricamente contactores, relés, temporizadores, etc.

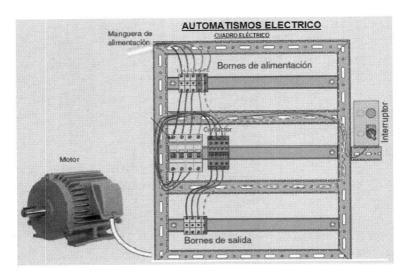

Normalmente los automatismos de este tipo van dentro de una caja llamada "**Cuadro Eléctrico**" y se llaman también de lógica cableada.

- **Automatismos Programados**: Los automatismos programados son aquellos que se realizan utilizando los Autómatas Programables o controladores programables (más conocidos por su nombre inglés: PLC, programmable logic controller).

Los sistemas cableados son útiles en sistemas fijos donde no se necesita modificar la forma de funcionamiento.

Los sistemas programados se emplean en sistemas complejos donde un **cambio en el programa o forma de actuar no implica un cambio en los elementos** que lo integran.

En función del sistema de control tenemos también 2 tipos de automatismos:

- **De Lazo abierto**: La salida no influye en la entrada.

- **De Lazo cerrado**: La salida repercute en la entrada.

Veamos un esquema de estos 2 tipos:

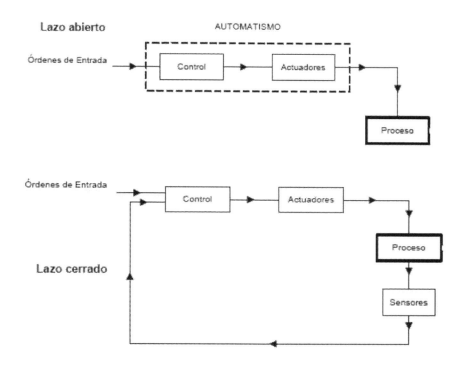

Dispositivos en los Automatismos

A continuación veremos la **aparamenta** (**aparatos y dispositivos eléctricos**) que se utiliza en el montaje de cualquier automatismo eléctrico.

Primero veremos un resúmen de todos los dispositivos utilizados y luego veremos la explicación del uso y funcionamiento de cada uno de ellos de forma individual.

Tenemos dispositivos de diferentes tipos:

- **Elementos de protección**: protegen los circuitos y a las personas cuando hay peligro o la corriente es muy elevada y puede haber riesgo de quemar los elementos del circuito.

Magnetotérmico, Guardamotor, Relé térmico y Fusibles son los más utilizados en los automatismos.

- **Elementos de mando o control**: permiten dirigir o cortar a voluntad el paso de la corriente eléctrica dentro del circuito.

Son típicos elementos de control que se usan en los automatismos eléctricos los interruptores, pulsadores, conmutadores, contactores, relés, etc.

Entre estos elementos también se encuentran **los sensores o detectores**, que son dispositivos encargados de vigilar una serie de magnitudes físicas que intervienen en el proceso y cuya variación han de estar debidamente reguladas para el adecuado funcionamiento de la instalación.

Los sensores típicos son los termostatos y presostatos.

- **Dispositivos de señalización**: son elementos que nos avisan cuando la instalación o el proceso que controla se encuentra en un determinado estado.

Por ejemplo las lámparas de marcha y paro del motor serían elementos de señalización.

También los avisadores acústicos son elementos de señalización.

- **Receptores**: son los elementos que transforman la energía eléctrica que les llega en otro tipo de energía.

Los motores son los receptores de los automatismos.

Dispositivos de Mando Manuales

El Pulsador

Un **pulsador eléctrico** o botón pulsador es un componente eléctrico que permite o impide el paso de la corriente eléctrica cuando se aprieta o pulsa.

El pulsador solo se abre o se cierra cuando el usuario lo presiona y lo mantiene presionado.

Al soltarlo vuelve a su posición inicial.

Para que el pulsador funcione debe tener un resorte o muelle que hace que vuelva a la posición anterior después de presionarlo.

El ejemplo más claro es el de un pulsador para activar un timbre de una casa.

Lo aprietas y permite el paso de la corriente eléctrica activando el timbre, pero nada más que lo sueltes vuelve a su posición inicial dejando de sonar el timbre.

El paso o cierre de la corriente se consigue mediante contactos eléctricos, también llamados **"bornes"** normalmente de cobre.

Cada contacto eléctrico del pulsador tiene 2 posiciones, abierto y cerrado.

- **Cerrado**: Los 2 bornes están juntos y el pulsador permite el paso de la corriente eléctrica.

- **Abierto**: Los 2 bornes están separados y el pulsador corta o no permite el paso de la corriente eléctrica.

PULSADOR ABIERTO Y CERRADO

ABIERTO   CERRADO

Bornes

Hay muchas otras utilidades para usar con los pulsadores.

Por ejemplo, también se utilizan en huecos de escaleras o en otros lugares donde la luz debe apagarse después de un cierto tiempo.

Para ello se utiliza un pulsador que manda una señal que activa un temporizador de iluminación de escalera o temporizador.

En función de cómo están los contactos cuando el pulsador está o no pulsado tenemos los 2 tipos diferentes:

Normalmente abierto (NA) y normalmente cerrado (NC).

El pulsador más normal y utilizado es el **Pulsador Normalmente Abierto**, es decir el que sin pulsarlo está abierto (no deja pasar la corriente).

Para este caso el funcionamiento es el siguiente:

- **Pulsador sin pulsar**: se llama **posición de reposo** y el pulsador está abierto.

La corriente no puede pasar a través del pulsador.

- **Pulsador Pulsado = Posición de Trabajo**: mientras lo mantengamos pulsado la corriente puede pasar por el pulsador ya que permanece cerrado.

Si dejamos de hacer presión (pulsar) sobre el pulsador, es decir si lo soltamos, vuelve a su posición de reposo o sin pulsar o abierto, impidiendo el paso de nuevo de la corriente eléctrica.

Este tipo **se utiliza siempre que queramos**

mantener el control de la corriente eléctrica a su paso por alguna parte del circuito eléctrico de forma manual.

Otro tipo de pulsador es el **Pulsador Normalmente Cerrado**, es decir, que en su posición de reposo, sin pulsar el pulsador, permite el paso de la corriente, y mientras lo mantengamos pulsado se corta la corriente que pasa a través de él.

Sería:

- Pulsador Sin Pulsar: Posición de reposo.

Puede pasar la corriente por el pulsador está cerrado.

- Pulsador Pulsado: Posición de Trabajo. Mientras se mantenga pulsado la corriente no puede pasar por él, está abierto.

Al soltarlo vuelve a su posición de reposo, que en este caso es cerrado.

Estos pulsadores son muy utilizados en los circuitos de arranque de motores **para utilizarlos como pulsadores de paro**.

Al apretar el pulsador se corta la corriente y el motor se para.

Hay pulsadores que en lugar de un solo contacto, que puede estar abierto o cerrado, tiene más de uno.

Por ejemplo, hay **pulsadores de 2 contactos**, uno abierto y otro cerrado en la posición de reposo.

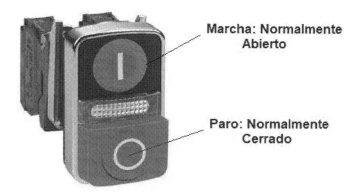

Marcha: Normalmente
Abierto

Paro: Normalmente
Cerrado

Cuando pulsamos el pulsador los contactos cambian de posición, el abierto se cierra y el cerrado se abre. Este tipo de pulsadores se suelen llamar **pulsadores dobles**.

También los hay de 3, 4 o más contactos en función de lo que necesitemos, aunque los más utilizados son los simples y los dobles.

Hay uno especial que se llama "**Pulsador de Seta**" (que sobresale) para que en caso de emergencia podamos parar la máquina al pulsarlo.

PULSADORES PARA AUTOMATISMOS

21

La diferencia entre un pulsador y un interruptor es que mientras en el pulsador es necesario mantenerlo pulsado para mantener su posición, en el interruptor si lo pulsamos, cambia de posición, pero al soltarlo se queda en esa posición, no cambia de nuevo a la anterior, como hace el pulsador.

El interruptor cambia de posición cada pulsación sobre el.

Lo pulsas se abre, lo sueltas y permanece abierto.

Lo pulsas de nuevo y se cierra, al soltarlo permanece cerrado.

En algunas ocasiones, externa y visualmente pueden parecer iguales, solo se pueden diferenciar comprobando su funcionamiento.

Si lo aprietas y vuelve a su posición inicial es un pulsador.

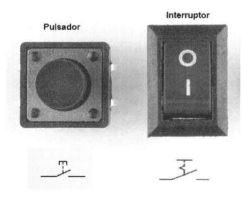

Si no, es un interruptor.

Fíjate en la imagen de más abajo que **el símbolo del**

interruptor tiene un pequeño triangulito, lo que significa que se "enclava" es decir que se queda clavado en la posición al pulsarlo, no vuelve a la posición inicial.

Veamos un poco más los interruptores.

Interruptores

Los interruptores y conmutadores son elementos que conectan o desconectan instalaciones y máquinas eléctricas mediante la posición de una palanca.

A diferencia de los pulsadores, al ser accionados, se mantienen en la posición seleccionada hasta que se actúa de nuevo sobre ellos.

Los selectores son similares a los interruptores y conmutadores en cuanto a funcionamiento, aunque para su actuación suelen llevar un botón, palanca o llave giratoria, que incluso puede ser extraíble para seguridad.

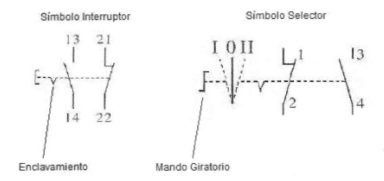

Símbolo Interruptor   Símbolo Selector

Enclavamiento   Mando Giratorio

Todos estos elementos de mando manual, pulsadores, interruptores y selectores, se alojan, por regla general, en cajas de plástico o metálicas, que pueden contener más de un elemento.

Por ejemplo, son típicas aquellas cajas que contienen un pulsador normalmente abierto (NA) para la marcha, y otro pulsador normalmente cerrado (NC) para el paro del motor.

Incluso algunas cajas incluyen el de parada de emergencia.

Dispositivos de Mando Automáticos

Finales de Carrera

El final de carrera de contacto (también conocido como "interruptor de límite"), son dispositivos situados al final del recorrido de un elemento móvil, como por ejemplo una cinta transportadora o un ascensor, con el objetivo de parar el motor al llegar a un sitio determinado.

Se podría decir que es **un interruptor pero accionado por el movimiento de algún elemento** del mecanismo o de cualquier otra cosa.

En la siguiente imagen puedes ver un final de carrera para detectar el final del recorrido de una puerta.

Cuando la puerta llega al final de su recorrido, activa el final de carrera y el contacto cerrado que alimenta el motor que mueve la puerta se abre y se para el motor.

**Final de Carrera para Detectar
el Final del Recorrido de una Puerta**

A continuación puedes ver varios tipos diferentes y el símbolo de final de carrera:

Símbolo:

Como se puede observar en la imagen y en el símbolo, el final de carrera está compuesto por un contacto normalmente cerrado (NC) y otro normalmente abierto (NA).

Cuando se presiona sobre el vástago o saliente, cambian los contactos de posición, cerrándose el abierto y abriéndose el cerrado

Una vez que se deja de presionar el vástago los contactos vuelven a su posición inicial.

Ahora vamos a ver los sensores y los detectores eléctricos.

Pero antes vamos a resolver una duda que me preguntan muchos alumn@s.

¿Qué diferencia hay entre un sensor y un detector?

Pues bien, **un sensor** es un dispositivo que **mide magnitudes físicas o químicas**, llamadas variables de instrumentación, y las transforma en variables eléctricas.

Un **detector** es un dispositivo **capaz de detectar o percibir cierto fenómeno físico, tal como la presencia de algo**, por ejemplo humo proveniente de un incendio, la existencia de un gas en el aire o la presencia de un intruso en una vivienda.

Ahora que ya lo tenemos claro, veamos cada uno de ellos.

Sensores

Termostatos

Son dispositivos que permiten medir la temperatura de un recinto, depósito, etc., o detectar si ésta excede un cierto valor, denominado umbral.

Generalmente, se utilizan en sistemas de control que permiten realizar una regulación de dicha temperatura.

Por medio de un dispositivo captador se cambia el estado de los contactos a partir de unos valores predeterminados de temperatura.

Termostato

Presostatos

El presostato es un mecanismo que abre o cierra unos contactos que posee, en función de la presión que detecta por encima o por debajo de un cierto nivel de referencia.

Esta presión puede ser provocada por aire, aceite o agua, dependiendo del tipo de presostato.

Se suelen usar en grupos de presión de agua, poniendo en marcha un motor-bomba cuando la presión de la red no es suficiente.

Presostato

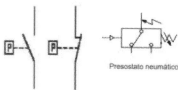

Presostato neumático

Sensores de Flujo y de Caudal

El flujo o corriente es el movimiento de fluidos por canales o conductos.

El caudal es la cantidad de material , en peso o volumen, que circula por unidad de tiempo.

La medida del caudal se basa en la detección de diferencias de presión provocadas por la inserción de un elemento en el conducto donde se va hacer la medida.

Sensores de Nivel

Un primer método para detectar el nivel se basa en emplear un flotador con una polea y un contrapeso.

El ángulo girado por la polea es proporcional al nivel del líquido y abre y/o cierra un contacto eléctrico (interruptor)

Llega un momento que al activar el interruptor, por ejemplo, pone en funcionamiento una bomba de agua para que se llene el depósito, ya que el nivel está bajo.

Otra técnica consiste en medir la diferencia de presiones entre el fonda del depósito y la superficie del líquido ya que hay una relación entre la altura h y la diferencia de presiones ΔP:

$$\Delta P = \rho g h$$

Donde ρ es la densidad del líquido y g la aceleración de la gravedad.

Sensores de Fuerza y Par

Los posibles métodos para medir una fuerza son compararla con otra conocida (balanzas), o medir el efecto sobre un elemento elástico.

Al aplicar una fuerza a un elemento elástico inmóvil, éste se deforma hasta que las tensiones generadas por la deformación igualan las debidas al esfuerzo aplicado.

El resultado es un cambio en las dimensiones del elemento elástico que con una forma adecuada puede hacerse proporcional a la fuerza.

Sensores Electrónicos Resistivos

Los sensores basados en la variación de la resistencia eléctrica de un elemento son los sensores electrónicos más utilizados.

Se debe a que son muchas las magnitudes de medida que afectan al valor de la resistencia por lo que ofrecen una solución válida para muchos problemas.

Los termistores son resistencias que varían con la temperatura, porlo que los podemos utilizar para detectar aumento o disminución de temperatura.

Los higrómetros miden la humedad.

Las fotorresistencia miden el nivel de luz.

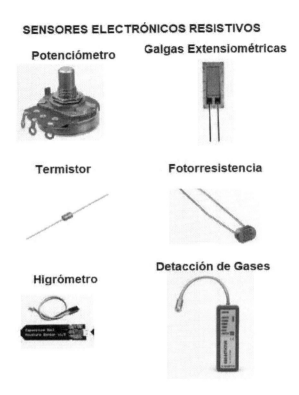

SENSORES ELECTRÓNICOS RESISTIVOS

Potenciómetro   Galgas Extensiométricas

Termistor   Fotorresistencia

Higrómetro   Detacción de Gases

Detectores

Los detectores realizan funciones parecidas a los elementos por mando mecánico, aunque fueron concebidos de una forma totalmente diferente.

Se caracterizan porque son capaces de detectar la posición de un objeto o su desplazamiento sin que exista contacto.

Son estáticos y no contienen pieza de mando ni ningún elemento móvil.

Entre las ventajas, destacan que no les afectan los ambientes enrarecidos por humedad, polvo o ambientes corrosivos.

Poseen una vida que no depende del número y la frecuencia con que ejecuta las maniobras.

Realizan la señal de respuesta en un breve espacio de tiempo y permiten la conmutación de pequeñas corrientes sin posibilidad de errores o fallos.

En el siguiente ejemplo podemos ver el detector de presencia del tapón en la botella.

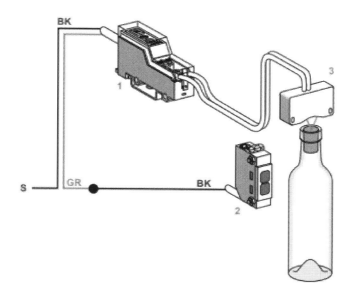

Vamos a verlos tipos de detectores utilizados en la industria y en los automatismos.

Detectores Inductivos

Son aquellos que detectan cualquier objeto de material conductor.

Realizan su función mediante la variación que sufre un circuito electromagnético cuando al mismo se aproxima un objeto metálico

Detector Inductivo

.

Detectores Capacitivos

Son los apropiados para otros tipos de objetos, aunque sean aislantes líquidos o estén cubiertos de polvo.

Su funcionamiento tiene como principio la alteración que sufre un campo eléctrico al aproximarse un objeto.

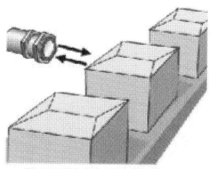

Detector Capacitivo

Estos detectores disponen de un potenciómetro de regulación de sensibilidad.

Detectores fotoeléctricos

Constan de un emisor y un receptor de luz.

La detección es efectiva cuando el objeto penetra en el haz luminoso y modifica la cantidad de luz que llega al receptor para provocar el cambio de estado en la salida.

Permiten detectar todo tipo de objetos, sean opacos, transparentes".

35

Van asociados a un relé electrónico, y cuando el haz luminoso es interrumpido se modifica la posición del contacto NA/NC.

Por su peculiaridad de funcionamiento, son aparatos que trabajan en tensión.

Detector Fotoelectrico

Existen 5 tipos de sistemas de montaje, en función de las circunstancias:

Sistema de barrera. Se monta cuando se trata de alcanzar longitudes largas y los objetos que se quieren detectar son reflectantes.

El haz que emite puede ser de infrarrojo, láser o posee una excelente precisión, aunque para ello es necesario alinear muy bien el emisor y el receptor.

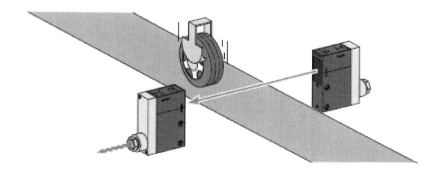

Sistema réflex: En este caso, emisor y receptor están en el mismo aparato.

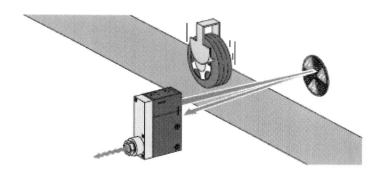

El haz luminoso que lanza el emisor va dirigido a una pantalla situada frente a él a una distancia conveniente, provocando el retorno del haz por medio de un elemento reflector que está montado sobre dicha pantalla.

La detección se produce cuando el objeto interrumpe el haz de luz.

Estos modelos están indicados para las instalaciones de alcance medio o corto, especialmente cuando no hay posibilidad de instalar el receptor y el emisor separados.

El alcance de un detector fotoeléctrico réflex es de dos a tres veces inferior al de un sistema de barrera.

Barrera reflectiva

Sistemas de Proximidad: Sólo está indicado cuando se trata de realizar instalaciones para alcances cortos.

Emisor y receptor van incorporados en la misma caja.

El haz emitido, que en este caso es infrarrojo, llega al receptor valiéndose del reflejo que provoca sobre los objetos que hay que controlar, aunque situados a una distancia relativamente corta. Incluyen un ajuste de sensibilidad para impedir que cualquier objeto del entorno pueda alterar el normal funcionamiento, lo que podría ocurrir si existiera algún elemento reflectante tras el objeto que hay que detectar.

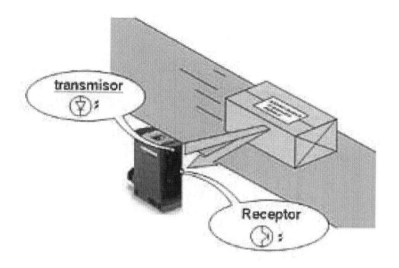

Sistema réflex polarizado. Cuando los objetos que hay que detectar son brillantes, de manera que en lugar de cortar el haz reflejan la luz, es preciso utilizar este sistema.

El funcionamiento de un detector réflex polarizado puede verse perturbado por la presencia de ciertos materiales plásticos en el haz que despolarizan la luz que los atraviesa.

Es recomendable evitar la exposición directa de los elementos ópticos a fuentes de luz ambiental.

Sistema de proximidad con borrado del plano posterior: es un sistema de proximidad que permite ignorar el plano posterior.

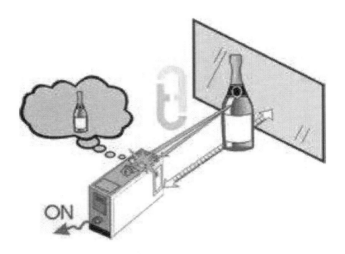

En el ejemplo la rueda no la detecta por estar en el plano superior al haz de detección.

40

Detectores por ultrasonidos

Los detectores por ultrasonidos, o detectores ultrasónicos, detectan objetos y materiales con diferentes formas, colores y superficies, emitiendo ondas sonoras que rebotan en la pieza a detectar y regresan al emisor.

Su rango de alcance oscila entre decenas de centímetros hasta 8 o 1 O metros

Detectores de nivel de líquidos

Detectan si el nivel de líquidos en depósitos, piscinas, etc., está por debajo de un nivel de referencia mínimo o por encima de un nivel de referencia máximo.

De esta forma, se utilizan en el mando automático de estaciones de bombeo, para comprobar la altura máxima y mínima del líquido cuyo nivel se pretende controlar.

Dispositivos de Señalización

Los pilotos de señalización forman parte del diálogo hombre-máquina.

Se utilizan en el circuito de mando **para indicar el estado actual del sistema** (parada, marcha, sentido de giro, etc.).

Generalmente está constituido por una lámpara o diodo montada en una envolvente adecuada a las condiciones de trabajo.

Existe una gran variedad en el mercado según las necesidades de utilización (tensión, colores normalizados, consumo, iluminación, etc.).

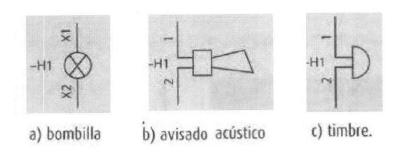

a) bombilla   b) avisado acústico   c) timbre.

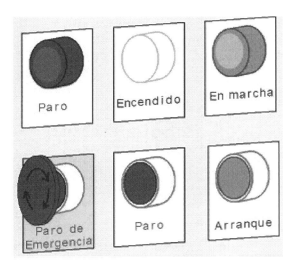

Los Contactores

Los contactores son indispensables en muchas aplicaciones y sobre todo en los automatismos.

El contactor es un **aparato eléctrico de mando** a distancia, **que puede cerrar o abrir circuitos**, ya sea en vacío o en carga.

Su principal aplicación es la de efectuar maniobras de apertura y cierre de circuitos eléctricos relacionados con **instalaciones de motores**.

Excepto los pequeños motores, que son accionados manualmente o por relés, el resto de motores se accionan por **contactores**.

Un contactor está formado por **una bobina y unos contactos**.

La bobina es un electroimán que acciona los contactos, **cuando le llega corriente abre los contactos cerrados y cierra los contactos abiertos**.

De esta forma se dice que **el contactor está accionado o "enclavado"**.

Cuando le deja de llegar corriente a la bobina los contactos vuelven a su estado anterior de reposo y **el contactor está** sin accionar o **en reposo**.

Aquí vemos **un contactor real y el símbolo** que se utiliza para los circuitos:

CONTACTOR

SIMBOLO

www.areatecnologia.com

En el contactor **los contactos de conexión de la bobina** se llaman **A1 y A2**.

Los contactos del circuito de salida o **de fuerza** se llaman **1-2, 3-4**, etc.

Los contactos auxiliares, para el circuito **de mando o control**, suelen llamarse con número de 2 cifras, por ejemplo **13-14**.

Luego veremos en el apartado de la simbología y esquemas todo esto mucho mejor y más ampliado.

Su funcionamiento es muy sencillo, vamos a explicarlo y a ver sus partes.

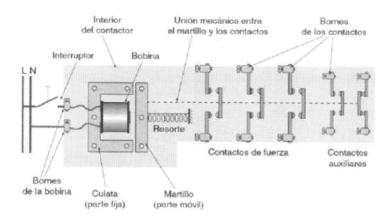

Si te fijas en la imagen anterior tenemos un contactor con 4 contactos abiertos y el último es un contacto cerrado en reposo.

Si hacemos llegar corriente a la bobina que está formada por un electroimán, atrae hacia sí el martillo arrastrando en su movimiento a los contactos móviles que tirará de ellos hacia la izquierda.

Esta maniobra se llama **"enclavamiento del contactor"**.

Todos los contactos que estaban abiertos ahora serán ahora contactos cerrados, y el último que estaba cerrado ahora será un contacto abierto.

Cuando la bobina está activada se dice que **el contactor está enclavado**.

En el momento que dejemos de dar corriente a la bobina el contactor volverá a su posición de reposo por la acción del muelle resorte, dejando los contactos como estaban al principio al tirar de ellos hacia la derecha.

El contactor de la figura anterior tiene 3 contactos de fuerza, por lo que serviría para un sistema trifásico (3 fases).

En el caso de un **contactor monofásico** (solo la fase y el neutro) sería el siguiente caso.

CONTACTOR MONOFASICO

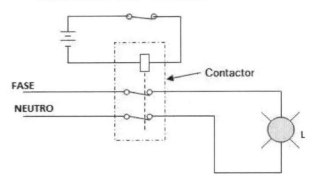

Lo hemos utilizado para el control de una lámpara.

Si queremos apagar la lámpara solo tendremos que abrir el pulsador normalmente cerrado de la parte de arriba que activa la bobina.

Para estos casos es mejor usar un simple relé, ya que es más barato.

Para un motor monofásico solo tendríamos que cambiar la lámpara por el motor.

Vamos a conectar en un circuito el contactor para el arranque de un motor trifásico.

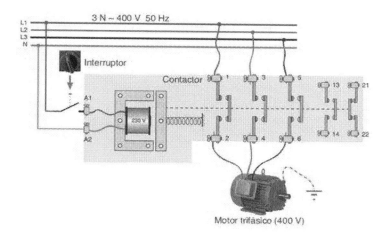

Motor trifásico (400 V)

Si te fijas en la bobina, se activa a través de un interruptor por una fase y el neutro (L1 y N), es decir a 220V.

La bobina se conecta a los bornes A1 y A2 del contactor.

El motor trifásico se activa a través de los contactos principales del contactor con las 3 fases, L1, L2 y L3, por ejemplo a 400V (o 380V).

Se conecta en los contactos reales del contactor de fuerza 1-2, 3-4, 5-6.

Los contactos 13-14 y 21-22 son para el circuito de control que luego veremos.

Cuando activamos el interruptor, le llega corriente a la bobina y el contactor se enclava cerrando los contactos principales y arrancando el motor eléctrico.

Cuando desconectamos la corriente a la bobina mediante el interruptor, deja de llegar la corriente a la bobina y los contactos vuelven a la posición de reposo haciendo que el motor se pare.

Este es un arranque básico y directo, luego veremos algunos circuitos más para los arranques de motores trifásicos, como por ejemplo el arranque estrella-triángulo.

Como ves **en los circuitos de los contactores se distinguen dos circuitos diferentes**, **el circuito de mando**, que será el que active o desactive la bobina y **el circuito de fuerza**, que será el que arranque o pare el motor.

El circuito de mando suele ser un circuito a menor tensión e intensidad que el circuito de fuerza.

De ahí que los contactos principales o de fuerza sean más gordos que los auxiliares.

En el esquema anterior no hemos usado los contactos auxiliares, solo el de la bobina, pero ya verás cómo se utilizan, por ejemplo para la autoalimentación.

Una de las características básicas de un contactor es su posibilidad de maniobra en circuitos sometidos a corrientes muy fuertes, en el circuito de fuerza, pero con pequeñas corrientes en el circuito de mando.

Con una **pequeña corriente (circuito de mando)** podemos accionar **un circuito de fuerza con mucha**

potencia o corriente.

Por ejemplo para activar la bobina podemos hacerlo a 0,35A y 220V y para el de circuito de fuerza podemos conectar el motor y usar una intensidad de arranque del motor de 200A.

Categoría de los Contactores

La elección del calibre adecuado para un contactor depende directamente de las características de su aplicación concreta.

Aunque el parámetro característico de un contactor es la potencia o la corriente efectiva de servicio que deben soportar los contactos principales, deberemos considerar otros aspectos su categoría en función del servicio y operaciones que tenga el contactor en su trabajo.

Esta categoría viene indicada en la carcasa del dispositivo y especifica para qué tipo de cargas es adecuado el contactor.

Las **cuatro categorías** existentes son las siguientes:

- **AC1** (condiciones de servicio ligeras): Contactores indicados para el control de cargas no inductivas o con poco efecto inductivo (excluidos los motores), como lámparas de incandescencia, calefacciones eléctricas, etc.

- **AC2** (condiciones de servicio normales): Indicados para usos en corriente alterna y para el arranque e inversión de marcha de motores de anillos, así como en aplicaciones como centrifugadoras, por ejemplo.

- **AC3** (condiciones de servicio difíciles): Indicados para arranques largos o a plena carga de motores asíncronos de jaula de ardilla (compresores, grandes ventiladores, aires acondicionados, etc.) y frenados por contracorriente.

- **AC4** (condiciones de servicio extremas): Contactores indicados en motores asíncronos para grúas, ascensores, etc., y maniobras por impulsos, frenado por contracorriente e inversión de marcha.

Por maniobras por impulsos debemos entender aquellas que consisten en uno o varios cierres cortos y frecuentes del circuito del motor y mediante los cuales se obtienen pequeños desplazamientos.

A la hora de elegir un contactor de maniobra de motores hay que tener en cuenta, además de su categoría, los siguientes factores:

- Tensión y potencia nominales de la carga, o sea del motor.

- Tensión y frecuencia reales de alimentación de la bobina y de los elementos del circuito auxiliar.

- Clase de arranque del motor: directo, estrella-triángulo, etc.

- Número aproximado de conexiones-hora.

- Condiciones de trabajo: normales, duras o extremas.

Podrían ser condiciones duras la calefacción

eléctrica, ascensores, grúas, máquinas de imprimir etc.

El Relé

Tanto los relés como los contactores son elementos básicos que aparecen en cualquier sistema de automatización.

Están formados por una bobina (denominada circuito de control o circuito de mando) y unos contactos metálicos (circuito de potencia) formados por unas láminas ferromagnéticas.

Podríamos decir que un relé es un aparato que hace lo mismo que el contactor, al llegarle corriente a la bobina se abren o cierran sus contactos.

La diferencia está sobre todo en el tamaño y en los usos.

Las diferencias fundamentales entre los relés y los contactores son:

- Los contactores disponen de dos tipos de contactos.

- Contactos principales. Destinados a abrir y cerrar el circuito de potencia.

- Contactos auxiliares. Destinados para abrir y cerrar circuitos de mando, de menor corriente eléctrica que los de potencia.

Los relés disponen únicamente de contactos auxiliares y son más pequeños que los contactores.

Los relés son elementos que suelen operar con cargas pequeñas, mientras que los contactores se conectan con cargas de gran potencia.

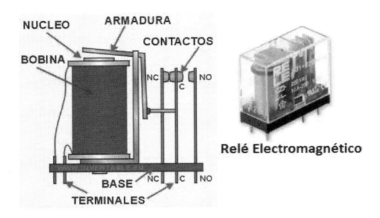

Relé Electromagnético

Temporizadores

Cuando la apertura o el cierre de los contactos de un relé dependen de un tiempo determinado después de activar o desactivar la bobina del relé, se llaman **"Relés Temporizados"** o Temporizadores Eléctricos o Timer Relays.

Con un relé temporizador podemos establecer el tiempo de conexión de cualquier elemento de salida de un circuito eléctrico, como por ejemplo una lámpara, un contactor, etc.

El ejemplo más claro es el encendido y apagado automático de las luces de una escalera.

En los automatismos se utilizan para programar la alimentación de los contactores que luego arrancarán los motores eléctricos.

Dependiendo de cuando empieza a correr el tiempo para que los contactos del relé cambien de posición tenemos 2 tipos principales.

Temporizador con Retardo a la Conexión

También llamado con **retardo al trabajo** o en inglés **"On Delay"**, son aquellos que sus contactos cambian de posición después de un tiempo desde que empezó activarse (energizarse) la bobina del temporizador.

Fíjate en su **diagrama de tiempos de actuación**:

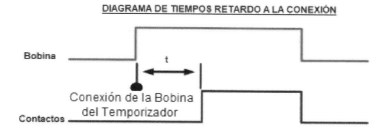

DIAGRAMA DE TIEMPOS RETARDO A LA CONEXIÓN

Como puedes comprobar **una vez que le llega corriente a la bobina del temporizador, pasado un tiempo "t", los contactos cambian de posición**, es decir, los que estaban abiertos se cierran y los contactos cerrados se abren (estado de trabajo).

53

Permanecerán así mientras la bobina está alimentada.

Volverán a su estado inicial (de reposo) cuando no le llegue corriente a la bobina del relé temporizador.

OJO si se corta la alimentación a la bobina, en ese momento, los contactos vuelven a su estado de reposo automáticamente.

Aquí tienes otras formas de ver o crear estos diagramas, son muy parecidas:

Retardo a la Conexión

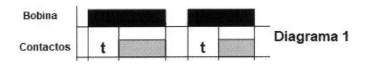

Diagrama 1

t o T es el tiempo que tiene que pasar para que cambien los contactos desde que se activa la bobina del temporizador

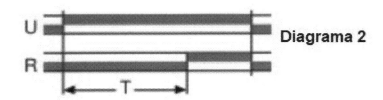

Diagrama 2

Normalmente U representa la tensión de alimentación de la bobina, y R los contactos del temporizador.

En el diagrama de abajo puedes ver como cuando hay tensión (U) en la bobina, los contactos (R) al cabo de un tiempo T cambian de estado.

Las bobinas de los relés temporizados, como luego veremos, se llaman KT1, KT2, KT3....y los contactos T1, T2, etc.

Cuando expliquemos los esquemas eléctricos para los temporizadores lo veremos con más detalle.

El tiempo se regula mediante una ruleta giratoria incorporada en el propio temporizador.

El tiempo preestablecido puede ser de tan solo milisegundos a horas e incluso días, pero generalmente, en los sistemas de control industrial, se configura en segundos y minutos.

Luego veremos cómo son físicamente, pero primero entenderemos su funcionamiento.

El siguiente circuito es imprescindible en todo automatismo que necesite un retardo en alguna de sus fases de funcionamiento, como por ejemplo el arranque estrella-triángulo de un motor asíncrono trifásico.

Imagina un motor para el cual hacemos sonar una alarma de aviso antes de empezar a moverse.

Después de apretar el pulsador de arranque, no se mueve hasta que no pasa el tiempo t.

En paradas de emergencias también se utilizan, avisando de la parada antes de que pare realmente.

El símbolo de la bobina de estos temporizadores es:

Temporizador con Retardo a la Desconexión

También llamado con retardo al reposo o "Off Delay" en inglés.

Estos temporizadores en el momento que le llega corriente a la bobina del temporizador, los contactos cambian de posición.

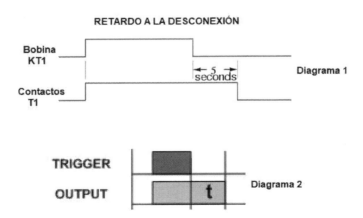

Cuando desactivamos la bobina empieza a correr el tiempo de desactivación "t" para que vuelvan a su estado inicial (reposo).

"t" es el tiempo que pasa desde que se desconecta la bobina hasta que los contactos cambian de posición.

Mientras la bobina está energizada, los contactos estarán en la posición de trabajo.

En el primer diagrama al cabo de 5 segundos desde que se desactiva la bobina, los contactos vuelven a su posición de reposo.

En el diagrama de abajo no especifica el tiempo, pero puedes ver que en inglés la activación se le llama trigger y a los contactos o salidas, output.

Este tipo de temporizadores se pueden utilizar para los automáticos de escalera.

Cuando pulsamos y soltamos un pulsador las lámparas permanecen encendidas el tiempo t, por ejemplo 2 minutos después de soltar el pulsador.

Otro uso puede ser para el control de arranque estrella-triángulo del motor.

Al apretar el pulsador y soltarlo el motor arranca en estrella, al cabo de un tiempo, por ejemplo 5 segundos, entra el arranque en triángulo.

Los motores que se utilizan para alimentar los generadores de emergencia a menudo están equipados con controles de "arranque automático" que permiten el arranque automático si falla la energía eléctrica principal que alimenta la bobina.

Los símbolos de las bobinas de estos temporizadores son:

Con Retardo a la Conexión

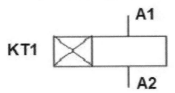

Con Retardo a la Desconexión

:
Y los contactos son:

Contactos con Retardo a la Conexión (al trabajo)

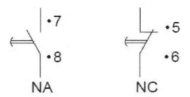

Contactos con Retardo a la
Desconexión (al reposo)

NA   NC

Los contactos (bornes) acaban en 5 y 6 los cerrados y en 7 y 8 los abiertos, por ejemplo podría ser el contacto 15-16 y el contactos 17-18

El primero sería un cerrado y el segundo un abierto, pero los dos serían temporizados por su terminación. Para saber si es a la conexión o desconexión habría que fijarse en el símbolo gráfico.

Luego en el apartado de simbología veremos todo esto más ampliado y explicado.

Temporizadores con Señal de Control

Son relés que tienen 2 señales de entrada para activar la temporización, una normal que activa la bobina del temporizador y la otra llamada señal de control.

Para su conexión necesitamos activar la bobina (normal) y con el otro pulsador llamado de control, activamos la temporización.

Veamos un ejemplo con el relé temporizador de Schneider con con Señal de Control.

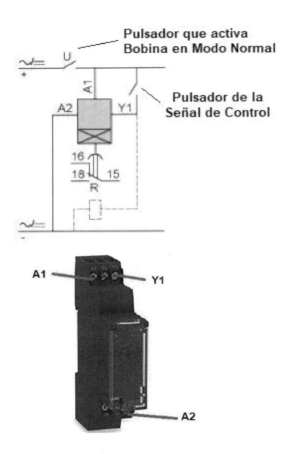

También se llaman **relés temporizadores con control externo**.

El diagrama de tiempos podría ser el siguiente:

Relé de retardo de conexión y desconexión con señal de control

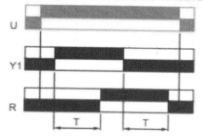

Para leer este diagrama de tiempos primero tenemos que pensar la situación que tenemos en el temporizador.

Si activamos U no pasa nada, 15-16 será un contacto cerrado y 15-18 uno abierto.

Si activamos U y la señal de control Y1, al cabo de un tiempo T los contactos cambian su posición de reposo, es decir 15-16 se abre y 15-18 se cierra, OJO mientras tengamos pulsados los dos pulsadores.

Con U activado, cuando soltamos Y1 y mantenemos U al cabo de T vuelven a cambiar los contactos a su estado de reposo.

¿Un poco lioso no?

Sería retardo a la conexión cuando están activados U e Y1 para cambiar de estado las salidas y cuando soltamos Y1 retardo a la desconexión para cambiar de estado la salida.

Resúmen: Para ver lo que pasa en la salida R hay que ver como están las dos entradas U y Y1 (señal de control) en los diagramas de tiempo.

Estos temporizadores pueden tener diagramas de tiempos muy diferentes, incluso los hay que activando solo U son con retardo a la conexión y si activamos U e Y1 son con retardo a la desconexión.

Siempre hay que fijarse en los diagramas de tiempos.

En definitiva son **relés temporizadores con control externo**.

Tenemos activada la bobina y no se activa la temporización hasta que no se activa la señal de control.

OJO si se queda sin alimentación la bobina (U) los contactos vuelven a su posición inicial.

Temporizadores Intermitentes

En estos temporizadores el diagrama de salida tiene una forma de onda 0 e 1 todo el tiempo, es decir durante un tiempo "t" permanecen los contactos activados y al cabo de un tiempo "T", que puede ser igual al anterior o diferente, los contactos se desactivan.

La característica principal es que el temporizador está haciendo esto durante todo el tiempo que tengamos corriente en la bobina.

Se activan y desactivan de forma intermitente e ininterrumpida los contactos.

Veamos el diagrama de tiempos:

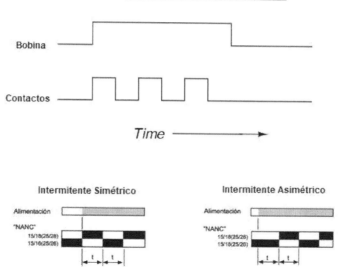

RELÉ TEMPORIZADO INTERMITENTE

Puedes comprobar que la intermitencia **puede ser simétrica**, es decir los tiempos de activación y desactivación de los contactos es el mismo, **o asimétrico**, los tiempos de activación son diferentes a los de desactivación de los contactos.

Los impulsos son diferentes.

Temporizador Multifunción

Son temporizadores que mediante una ruleta podemos cambiar el tipo de relé.

Por ejemplo podemos ponerlo con "a la conexión", o cómo "a la desconexión", por impulsos y otras muchas opciones.

Tenemos que fijarnos en el diagrama de tiempos de cada una de las opciones para ver su funcionamiento.

RELÉ TEMPORIZADO MULTIFUNCIÓN

¡¡¡OJO!!! con los bornes de los temporizadores, sobre todo los multifunción.

A veces llevan un **borne en la parte superior llamado NC** que lo que quiere decir es que **no se debe conectar nada** a ese borne, **no sirve para nada** (no confundir con contacto normalmente cerrado).

Cuando fabrican las carcasas, las fabrican comunes a todos los temporizadores con 6 bornes, y **si hay un borne que no se usa en lugar de quitarlo lo dejan con las letras NC** (no connect).

Los multifunción se cambia de temporizador en la ruleta del temporizador donde pone function (girándola) no con el esquema de conexión, como el caso de los retardados a la conexión/desconexión.

En los esquemas de conexión no aparece tampoco por ningún lado este borne.

Fíjate en el siguiente contacto que pone NC:

No Conectar
No Sirve Para Nada

Bloques de Contactos Temporizados para Contactores

Estos temporizadores no llevan bobina, utilizan la propia bobina del contactor al que están asociados mecánicamente.

Cuando la bobina del contactor se activa empieza la activación o desactivación de los contactos.

Estos contactos temporizados, al igual que los relés temporizadores con bobina, pueden ser con retardo a la activación, desactivación, intermitentes, depende de su diagrama de tiempos.

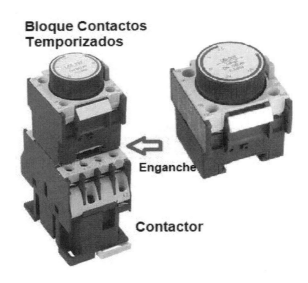

Bloque Contactos Temporizados

Enganche

Contactor

Otros Temporizadores

Existen multitud de tipos de relés temporizadores, solo tendremos que **fijarnos en el diagrama de tiempo** para ver su funcionamiento.

Aquí te dejamos varias curvas diferentes para que veas cómo pueden ser.

DIAGRAMAS DE TIEMPOS DE RELÉS TEMPORIZADORES

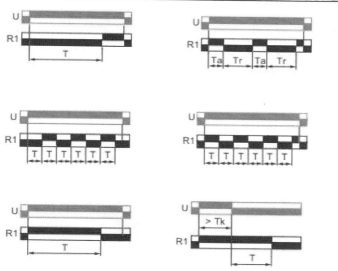

TEMPORIZADORES CON A LA CONEXIÓN Y DESCONEXIÓN

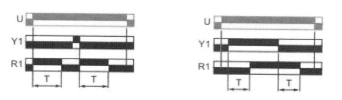

Regulación del Tiempo del Temporizador

Normalmente llevan dos ruletas, una para elegir la escala, por ejemplo de 0 a 10 segundos (0-10s) y otra para regular el tiempo sobre esa escala (la escala escogida en cada caso).

La segunda ruleta suele venir con valores de 0 a 10.

Por ejemplo, si elijo la escala de tiempo 0-10s, y pongo la segunda ruleta en 5, quiere decir que el tiempo de actuación será de 5 segundos.

Si la escala elegida fuera de 1-10 horas, y elijo 3 en la segunda ruleta, el tiempo de actuación será de 3 horas.

TIEMPO DE TEMPORIZACIÓN

Escalas de Tiempos

Tiempo Elegido

Tipos de Temporización

El Telerruptor

El telerruptor es un interruptor que se acciona por impulsos eléctricos, es decir por corriente eléctrica.

Consta de una bobina y un contacto.

Cuando le llega corriente a la bobina del telerruptor, cambia de posición el contacto eléctrico, si estaba abierto se convierte en un contacto cerrado y si estaba cerrado se convierte en un contacto abierto.

Cuando le deja de llegar corriente a la bobina el contacto permanece en la misma posición, no vuelve a su estado anterior, como por ejemplo pasa con los relés o contactores.

TELERRUPTOR

Para volver a cambiar el contacto de posición es necesario que le llegue a la bobina un nuevo impulso, por eso **se suelen utilizar pulsadores para su mando y control**.

También se conoce como **relé de impulsos** o **interruptor remoto**.

Los telerruptores suelen utilizarse para el control de un grupo de lámparas (+ de 3).

Cuando son 3 o menos lámparas se suele hacer la instalación con conmutadores, cuando tenemos más de 4 lámparas a controlar es más económico el uso de telerruptores.

En los automatismos se usa muy poco, en algunas ocasiones para el control de iluminación, pero nada más.

Símbolo Eléctrico

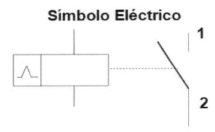

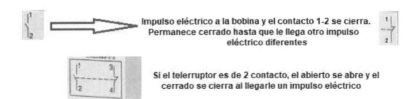

Impulso eléctrico a la bobina y el contacto 1-2 se cierra. Permanece cerrado hasta que le llega otro impulso eléctrico diferentes

Si el telerruptor es de 2 contacto, el abierto se abre y el cerrado se cierra al llegarle un impulso eléctrico

70

Dispositivos de Protección

Son los dispositivos que protegen la instalación y los motores de los automatismos.

Fusibles

Son dispositivos de protección de sobreintensidad, **abren el circuito cuando la intensidad que lo atraviesa pasa de un determinado valor**, como consecuencia de una sobrecarga o un cortocircuito.

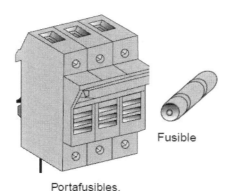

Fusible

Portafusibles.

Generalmente están formados por un cartucho en cuyo interior está el elemento fusible (hilo metálico calibrado) rodeado de algún material que actúa como medio de extinción, el cartucho se aloja en un soporte llamado portafusible que actúa como protector.

En ocasiones forman parte o están asociados con otros elementos de mando y protección como seccionadores, interruptores etc.

Su símbolo es:

Monofásico

Bifásico

Trifásico

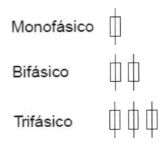

Interruptor Magnetotérmico

Un magnetotérmico es un dispositivo de **protección de las instalaciones eléctricas y sus receptores frente a sobreintensidades y frente a cortocircuitos eléctricos**.

Corta la corriente o intensidad en tiempos lo suficientemente cortos como para no perjudicar ni a la red o instalación ni a los aparatos asociados a ella.

Se utilizan en lugar de los fusibles ya que tienen como ventaja que **no hay que sustituirlos por uno nuevo cuando se funden.**

Cuando el PIA salta (abre el circuito) por alguna sobrecarga o cortocircuito, una palanca de accionamiento baja.

Una vez reparada la avería, simplemente subiendo la palanca de accionamiento ya tenemos el magnetotérmico operativo de nuevo.

A esto se le llama **rearmar el magnetotérmico**.

Los magnetotérmicos no hay que sustituirlos simplemente se rearman y siguen funcionando.

Incluso los hay de rearme automático pasado un tiempo, como luego veremos.

MAGNETOTÉRMICO BIPOLAR

SIMBOLO

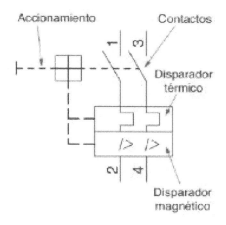

Protección del Magnetotérmico

Por un lado nos **protege cuando por el circuito** que protege **pasa una corriente o intensidad mayor para la que fue diseñado** para la carga de consumo en ese circuito (intensidad nominal In).

Imagina que el circuito está formado por un cable calculado para una intensidad nominal (normal de uso o de trabajo) que lo atraviesa de 9A, lo que hace el magneto o PIA es que cuando pasa una intensidad superior a 9A salta abriendo el circuito.

El valor de la intensidad nominal viene fijado por la corriente nominal de consumo de las cargas asignadas al circuito.

El tiempo de disparo (que abra el circuito) depende de la intensidad que lo atraviese, a mayor intensidad menor tiempo de disparo, pero recuerda solo tiene que saltar si la intensidad que lo atraviesa es mayor que la In.

El magnetotérmico tiene que tener una intensidad de corte (nominal) igual a superior a la de consumo del circuito.

Por ejemplo un circuito donde se calcula una intensidad de consumo es de 9A debe protegerse con un PIA de 9A, pero como el PIA normalizado más cercano superior a esa intensidad normalizado es de 10A, elegiremos el de 10A.

Intensidad nominal del PIA = 10A. Nunca menor de 9A ya que saltaría cuando se está haciendo un uso normal del circuito.

La causa más habitual de una sobreintensidad en un circuito suele ser conectar demasiados receptores (lámparas, motores, etc.) en el circuito.

Otros ejemplos pueden ser motores que son expuestos a un esfuerzo excesivo, instalaciones a las que se le conectan elementos de un consumo mayor al previsto en su diseño inicial o simplemente un dimensionamiento erróneo del tamaño de los conductores que deriva en un sobrecalentamiento de los mismos.

Por otro lado, en caso de un cortocircuito, la intensidad que se genera en muy poco tiempo es muy grande, el magnetotérmico tiene que ser capaz de cortar esta intensidad tan grande en un tiempo menor al tiempo que el cable aguanta es Icc (intensidad de cortocircuito) sin quemarse.

Por ejemplo, si se ha calculado la Icc del circuito máxima en un circuito concreto de la instalación y es de 4.000A, y además el cable es capaz de aguantar esa Icc solo durante 5 segundo sin quemarse, el magnetotérmico tendrá que cortar esta corriente tan grande antes de que pasen esos 5 segundos.

Estos tiempos los veremos más adelante mediante las curvas de disparo del PIA.

Para protegernos frente a sobreintensidades u frente a cortocircuitos los hace de 2 formas diferentes: Protección Térmica y Protección Magnética.

Funcionamiento del Magnetotérmico

La protección térmica la realiza una parte del PIA formada por interruptor bimetálico, **2 láminas metálicas unidas que tienen distinto coeficiente de dilatación** y por las que pasa la corriente al circuito haciendo la función de un interruptor cerrado cuando la intensidad que las atraviesa es menor o igual a la In del PIA .

La protección térmica es la que protege frente a sobrecargas al circuito.

Veamos cómo lo hace.

*Dilatación = aumento de tamaño por la temperatura

La corriente eléctrica que exceda a la nominal del circuito y que se entiende como una sobrecarga produce un calentamiento en el bimetal (las 2 láminas) dilatándose lo suficiente como para que el bimetal accione el resorte de apertura del circuito.

A medida que el bimetal se dobla, toca y gira la barra de disparo para abrir el circuito.

El tiempo que el bimetal necesita para doblar y disparar el circuito varía inversamente con la corriente.

Fíjate en la imagen siguiente.

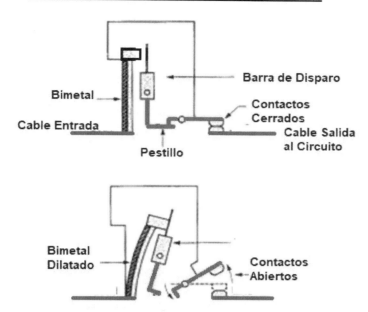

La parte magnética del magnetotérmico consiste en **un núcleo de hierro con una bobina** de alambre alrededor de él, formando **un electroimán**.

La protección magnética protege el circuito contra cortocircuitos.

Para prevenirlo contra cortocircuitos, **la interrupción del circuito debe ser casi inmediata** (menos de 5 segundos) y por eso no nos serviría **el bimetal**, dado que éste **tiene una respuesta lenta**.

Veamos cómo lo hace.

La corriente de carga o nominal pasa a través de las bobinas del electroimán sin provocar ningún efecto sobre él, ya que el electroimán solo debe responder a las corrientes altas de cortocircuito (Icc).

Cuando por el electroimán pasa una corriente muy elevada, como puede ser una Icc, hace que el electroimán genera suficiente fuerza de campo para atraer una armadura cercana.

A medida que la parte superior de la armadura se mueve hacia el electroimán, la armadura gira la barra de disparo para disparar el interruptor, abrir el circuito y desenergizar las bobinas del electroimán.

Fíjate en la siguiente imagen.

PROTECCIÓN MAGNÉTICA DEL MAGNETOTÉRMICO

Los tiempos de disparo (apertura) mediante este método son mucho menores que en el caso térmico.

Cuando el PIA se abre por este método **tarda solo unos pocos milisegundos en abrirse**, de esta forma protege los cables frente a las elevadas intensidades de cortocircuito.

Pero…

¿Cuánto tiempo tarda en abrirse exactamente el magnetotérmico en caso de sobreintensidad o cortocircuito?

Estos tiempos nos lo proporciona el fabricante mediante lo que se llama "**Curvas de Disparo**".

Curvas de Disparo

Es una gráfica con curvas que representan el tiempo que tarda en desconectar el magnetotérmico en función de la intensidad que lo atraviesa.

No es un tiempo fijo, sino que **es un intervalo de tiempo entre un mínimo y un máximo** en el que el magneto abre el circuito que protege.

En cuanto a la intensidad que lo atraviesa, no se pone en valores absolutos si no en función de la cantidad de veces la intensidad nominal (In) del magnetotérmico.

Recuerda: esta In es para la que a partir de ella el magneto se abre.

Por ejemplo, si un magnetotérmico es de una In de 10A, significa que para un paso por él mayor de 10A debería saltar.

Si hablamos de In de un magnetotérmico concreto que es de **In = 10A**, si hablamos de 2In, estamos hablando de **2In = 20A**, el doble de la In. 20A sería la absoluta, y 2In la referida a la nominal, en nuestro caso 2 x 10A.

Pero si fuera otro PIA con otra **In** diferente, 2In ya no sería 20A.

La mayoría de las veces esta intensidad solo aparece como un número, por ejemplo 3.

¿Qué significa?

Pues muy fácil, 3 veces la In, ya que esos valores es el resultado de I/In; es decir la intensidad que lo atraviesa entre la intensidad nominal.

Si I/In = 3; y la In es de 10A, entonces para el valor de 3; la I = 3In = 3 x 10 = 30A.

¿Fácil no?

En el eje vertical se pone el tiempo de disparo, y en el eje horizontal la cantidad de intensidad que lo atraviesa (I/In), pero como dijimos, en función de la In, no la absoluta.

Veamos una curva de disparo o funcionamiento clásica y como se interpreta.

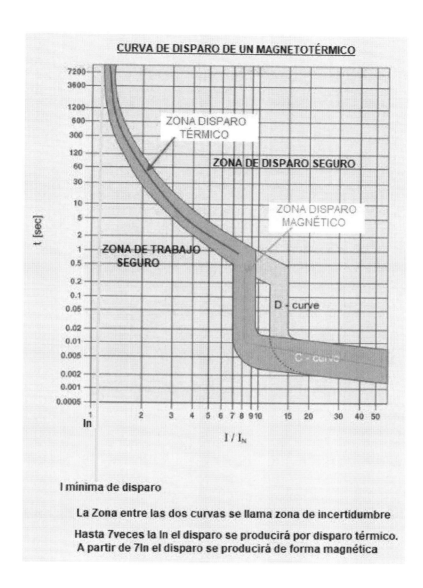

CURVA DE DISPARO DE UN MAGNETOTÉRMICO

ZONA DISPARO TÉRMICO

ZONA DE DISPARO SEGURO

ZONA DISPARO MAGNÉTICO

ZONA DE TRABAJO SEGURO

D - curve

C - curve

t [sec]

I / I_N

I mínima de disparo

La Zona entre las dos curvas se llama zona de incertidumbre

Hasta 7veces la In el disparo se producirá por disparo térmico.
A partir de 7In el disparo se producirá de forma magnética

Antes de ver las zonas de trabajo del PIA, vemos que el punto 1 es el punto de la intensidad nominal del PIA y que justo cuando la corriente que atraviesa el PIA es un poco mayor de esta In (línea amarilla) es cuando hay posibilidad de que salte (se abra).

Para que el PIA saltara con la Iminina (intensidad mínima), se necesitarían más de 7.200 segundos para que saltara.

Muy poco probable, seguramente antes ya volvería a su In.

Luego vemos 2 curvas, **la curva inferior es la curva del tiempo mínimo para que salte** el magneto en función de la intensidad que lo atraviesa, **la curva de arriba es el tiempo máximo que puede tardar en abrirse** el magneto en función de la intensidad que lo atraviesa.

Para una intensidad fija **el intervalo tiempo que tardará en abrirse el PIA será el que hay entre la curva inferior y la superior**.

Bien, ahora para interpretar la curva o mejor dicho las curvas (son 2) necesitamos diferenciar varias zonas dentro de la gráfica.

Zona de Trabajo Seguro: Es la zona que está por debajo de la primera curva.

En esta zona, el PIA trabaja de forma segura sin saltar **(está cerrado)**, pero protegiendo al circuito en caso de sobrecarga o cortocircuito en un instante determinado.

Zona de Incertidumbre (franja de color azul oscuro): Esta **es la zona más importante de entender** porque es la zona de esta franja donde el PIA tiene que abrirse.

El tiempo de apertura del PIA para una intensidad concreta será la franja de tiempo de la zona de incertidumbre para esa intensidad.

Por ejemplo, si queremos saber el tiempo en que tarda en abrirse el PIA de la curva anterior para una intensidad 4 veces la In haremos lo siguiente.

1º) Subimos desde el 4 del eje horizontal hacia arriba para ver donde corta la primera curva.

La corta en el punto del tiempo (eje vertical) de 2 segundos.

Esto quiere decir que el PIA cuando lo atraviesa una corriente de 4In, el tiempo mínimo de disparo (que se abra) será de 2 segundos, pero no tiene por qué abrirse en este punto.

2º) Si en 2 segundos no se dispara, pero seguimos manteniendo la carga de 4In durante más tiempo, ahora llegamos al corte con la curva de la parte de arriba.

El corte se produce más o menos en 8 segundos.

Este será el tiempo máximo de apertura del magneto cuando circula por él una intensidad de 4 veces la In.

Antes de llegar a este tiempo el PIA tiene que abrirse para una intensidad de 4In.

Conclusión: Para 4 veces la In del PIA este se abrirá en un **tiempo mínimo de 2 segundos y máximo de 8 segundos**.

A mayor intensidad circulando por el PIA, menor será el tiempo de disparo porque más pequeño es el rango de tiempo en el que se puede disparar (zona de incertidumbre).

Cuando es una Icc, esta será tan grande que se dispara en un rango de tiempo muy pequeño (menor de 0,01segundo).

Fíjate en la curva de arriba que para una intensidad, por ejemplo de 20 veces la In, tenemos que el tiempo de disparo será entre 0,002 segundos y un poco más de 0,01 segundos.

Las intensidades de cortocircuito pueden ser mucho mayores de 20In, con lo que se cortará de forma muy rápida y de esta forma no se quemará el cable del circuito protegiéndolo frente los cortocircuitos.

Zona de Disparo Seguro: Es una zona Prohibida y cuando llega a esta zona el PIA ya tiene que estar abierto para proteger el circuito. El límite lo pone la segunda curva.

En esta zona el PIA nunca puede trabajar (estar cerrado).

Si trabaja en esa zona el PIA está mal y no protege la instalación.

Puedes apreciar que hay una zona de la franja de incertidumbre que es donde se produciría el disparo mediante el bimetal (térmico) y otra zona, para mayores intensidades, donde empezaría el disparo magnético.

Si no lo entendiste bien puedes ir a ver el video en el siguiente enlace: Curvas de Disparo del Magnetotérmico

O buscar en youtube "Areatecnologia Magnetotérmico y sus Curvas de Disparo"

Tipos de Curvas

Lógicamente no todos los magnetotérmicos tienen la misma curva de disparo.

Debemos seleccionar nuestro magnetotérmico en función de su curva de disparo.

Por ejemplo, los motores tienen una punta de corriente en el arranque en la que, aunque sea 2 o 3 veces superior a la de su funcionamiento normal o nominal, el magneto en el arranque no debe saltar, por ese motivo **es importante seleccionar el PIA que durante el tiempo que dura el arranque,** aunque no sea la intensidad nominal del magneto, **este no salte**.

Es importante elegir el tipo de magnetotérmico, según su curva de disparo, en función del uso o aplicación que se le va a dar.

Las diferentes curvas de disparo vienen clasificadas en función de la intensidad a la que salta el magneto en 0,1 segundo.

Según esto tenemos y la norma EN 60898:

- **Curva A**: entre 2In y 3In (saltaría en 0,1 segundo cuando la intensidad que lo atraviesa está entre 2 veces y 3 veces la nominal).

Se utilizan para protecciones de semiconductores.

Realmente **en electricidad este tipo no se utiliza**.
- **Curva B**: 3 a 5 In. Se utilizan para protección de **generadores** y **grandes longitudes de cable**.

Sin puntas de corriente.

- **Curva C: 5 a 10 In. Estos son los más utilizados**.

Son los utilizados en las **instalaciones domésticas**, alumbrado, tomas de corriente **y usos generales**.

- **Curva D**: 10 a 20 In. Receptores con fuertes puntas de **arranque como motores o transformadores**.

"**Este tipo es el más utilizado y el más recomendado para los automatismos**"

Hay otras curvas aunque menos utilizadas:

- **Curva Z**: 2,4 a 3,6 In. Para protección de circuitos electrónicos.

- **Curva MA**: 12 a 14 In; protección de arranque de motores, pero estos no tienen protección contra sobrecargas.

Si un motor tiene una punta de arranque 12 veces su intensidad nominal, lógicamente deberemos elegir un magneto con un tipo de curva D, que además es el que se suele utilizar para los motores.

Para instalaciones en viviendas se utiliza el tipo C.

Si dibujamos la curva de disparo inferior (la del tiempo mínimo) de cada uno de los 3 tipos principales (B, C y D) tendríamos las siguientes curvas:

Características de los Magnetotérmicos

- **Tensión Nominal (Vn)**: Es la tensión de trabajo o uso del PIA. Por ejemplo 230V, 400V, etc.

- **Intensidad Nominal (In)** = Valor de intensidad a partir del cual debe abrir el circuito el magnetotérmico por su protección térmica.

Esta intensidad corresponde a la **intensidad en condiciones normales de funcionamiento**, por lo tanto debe ser **igual** o lo más parecida (siempre superior) a **la intensidad nominal del circuito** obtenida por la suma de las potencias de todos los receptores que se conectarán al circuito.

Recuerda: P = V x I; por lo que I = P/V.

Además esta intensidad es la que se utiliza para clasificarlos en el mercado.

In normalizadas y más usadas son: 1A, 2A, 3A, 5A, 6A, 10A, 15A, 16A, 20A, 25A, 32A, 40A, 50A, 63A, 80A...

Suelen fabricarse para intensidades entre 5 y 125 amperios para instalaciones domésticas e interiores.

Para industriales los hay de 1.000A e incluso mayores.

Incluso hay magnetotérmicos que son regulables en

su In, sobre todo los de más de 63A, pero no son los de uso más común.

También podríamos definirla como el valor máximo de corriente que el interruptor puede soportar de manera permanente.

Este valor se da siempre para una temperatura ambiente de 40 °C, conforme a la norma UNE-EN 60947-2.

- **Poder de Corte (PdC)**: es la máxima intensidad que el magnetotérmico puede cortar.

Debe ser capaz de cortar la intensidad de cortocircuito que se pueda producir en el punto donde está conectado.

Referente al poder de corte de los magnetotérmicos, las normas exigen un poder de corte superior a los 4500 A, valor superado ampliamente por la mayoría de las casas fabricantes de estos aparatos.

Los PdC más normales son los de 6KA (kiloamperios = 6.000A).

- **Número de Polos**: es el número de cables que corta.

Bipolar significa que corta 2 polos, por ejemplo en corriente alterna (ca) cortaría la fase y el neutro, tripolar, sería para trifásica y cortaría las 3 fases.

Tetrapolar sería para trifásica y cortaría las 3 fases y el neutro.

Omnipolar significa que corta todos los cables del circuito.

La mayoría de magnetotérmicos, cuando cortan el neutro, no significa que proteja al conductor neutro de la instalación, ya que solo suelen proteger las fases.

- **Magnetos de corriente continua (cc) o de corriente alterna (ca)**: Todos de los que hemos hablado aquí son de corriente alterna, pero en el mercado existen magnetotérmicos que protegen instalaciones en corriente continua, por ejemplo especiales para las instalaciones fotovoltaicas.

Su misión es la misma.

Por último, recordar que también es importante elegir el magnetotérmico en función de sus curvas de disparo, como vimos anteriormente.

Para automatismos o motores eléctricos el D.

Cómo Elegir el Magnetotérmico

A la hora de elegir un PIA para la protección de un circuito debemos de tener en cuenta los datos anteriores, resumiendo para una instalación o circuito concreto:

- La **In del magnetotérmico debe ser igual o un poco superior a la In del circuito** que protege.

- La **tensión nominal del magnetotérmico debe ser la misma que la del circuito** que protege.

- Deben ser **de corte omnipolar**, que corte todos los

cables del circuito.

- Debemos de calcular la intensidad de cortocircuito en el punto donde se instala, y **el poder de corte del magnetotérmico debe ser como mínimo de la misma o superior a esa intensidad de cortocircuito**.

La mínima fijada por el Reglamento Electrotécnico de Baja Tensión (REBT) es de 4.500A.

- Por último debemos de elegir un magnetotérmico **en función de su uso teniendo en cuenta las curvas de disparo**.

Veamos los símbolos utilizados para el magnetotérmico:

Mecanismo	Símbolo		Significado
	Unifilar	Multifilar	
			Interruptor de control de potencia (ICP)
			Interruptor automático bipolar F+N (PIA) magnetotérmico
			Interruptor automático bipolar (PIA) magnetotérmico

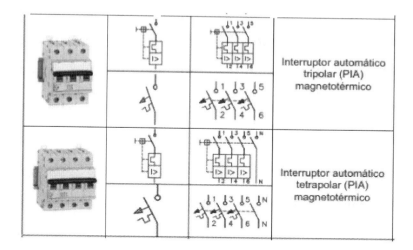

| | | | Interruptor automático tripolar (PIA) magnetotérmico |
| | | | Interruptor automático tetrapolar (PIA) magnetotérmico |

La mayoría de los automatismos empiezan por colocar un magnetotérmico tetrapolar (de 4 contactos) al principio del esquema.

Utiliza 3 contactos para proteger el motor en el esquema de fuerza, y uno para desactivar la parte de mando.

No te preocupes que esto lo entenderás mejor más adelante, ahora es importante que entiendas para qué se usa el magnetotérmico y cómo funciona.

El Relé Térmico

Es un mecanismo que sirve como **elemento de protección del receptor** (motor habitualmente) contra las sobrecargas y calentamiento.

Están destinados a proteger motores, aparatos de control de motores y conductores de circuitos derivados del motor contra el calentamiento excesivo debido a sobrecargas del motor y fallas en el arranque.

La sobrecarga del motor puede deberse a una carga excesiva o un motor que funciona con voltajes de línea bajos o, en un motor trifásico, una pérdida de fase.

Su misión consiste en desconectar el circuito cuando la intensidad consumida por el motor supera durante un tiempo la intensidad permitida por este, **evitando que el bobinado "se queme"**.

Esto ocurre gracias a que consta de tres láminas bimetálicas con sus correspondientes bobinas calefactoras que cuando son recorridas por una determinada intensidad, provocan el calentamiento del bimetal y la apertura del relé.

El símbolo es:

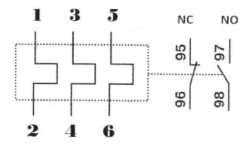

Los contactos auxiliares son los 95-96 y 97-98 y se utilizan en el circuito de mando.

NC significa normalmente cerrado
NO significa normalmente abierto, la O significa
    abierto en inglés "Open".

Cabe destacar que los relés térmicos comercializados en la actualidad, además de ofrecer protección frente a sobrecargas, son capaces de realizar otras funciones como:

- Detección fallo de fase.
- Protección frente a desequilibrio de fases.
- Compensación automática a temperatura ambiente.

La velocidad de corte no es tan rápida como en el interruptor magnetotérmico.
Suele ir "incrustado" en el propio contactor de arranque del motor.

El relé térmico tiene 2 bornes más aparte de los 3 de potencia.

Estos se conectan en serie con la bobina del contactor y son los que le cortan la corriente al mismo para apagar el motor en caso de sobrecarga.

Disponen de una ruleta selectora de reglaje, es posible seleccionar la intensidad a la que actuará el dispositivo entre unos márgenes predefinidos por el fabricante.

Para establecer una corriente de reglaje adecuada, debe tenerse en cuenta la potencia del motor, su factor de potencia y el nivel de sobrecarga al que puede trabajar.

En la siguiente imagen puedes ver todas **las partes de un relé térmico** clásico.

PARTES DEL RELÉ TÉRMICO

Bornes de fuerza (entrada)

Regulación de límite de corriente

Botón de parada

Contactos auxiliares

Bornes de fuerza (salida al motor)

Rearme manual-automático

Por www.areatecnologia.com

Colocado **en RESET manual** (rearme manual)) significa que se requiere la intervención del operador, como presionar un botón, para reiniciar el motor.

Colocado **en RESET automático** (rearme automático) permite que el motor se reinicie automáticamente, generalmente después de un período de enfriamiento, para esperar que el motor se enfríe.

Pero ¡¡OJO!!! Después de que se produzca el disparo de un relé térmico, siempre se debe investigar la causa de la sobrecarga ya que se pueden producir daños en el motor si se intentan reinicios repetidos sin corregir la causa del disparo del térmico.

Muchos térmicos modernos llevan incorporado **un led de señalización de disparo** para avisar que se ha producido un fallo.

El relé de térmico según las normas europeas IEC, tiene un **contacto normalmente cerrado** con marcas de terminales 95 y 96, también cuenta con **un contacto normalmente abierto** 97 y 98 que en caso de disparo se cerrará y puede ser utilizado para una luz piloto o una alarma que nos indique que el motor se disparó por alguna sobrecarga.

Estos contactos son los **contactos auxiliares**.

Por supuesto que tiene **3 contactos de fuerza de entrada y salida** para conectar el motor a la salida y el contactor a la entrada del térmico, como luego veremos.

También lleva un **botón de parada**, en caso de que

queramos probar el térmico o abrir el circuito para parar el motor por cualquier circunstancia.

Y una **ruleta para colocarla en la posición del valor de la intensidad** para la que queremos que nos proteja, que como luego veremos deberemos calcularla.

Tenemos que **calcular o averiguar el valor de la intensidad** a la que debemos poner la ruleta de regulación de la intensidad límite para que nos proteja de forma efectiva nuestro motor.

Lo mejor es verlo con un ejemplo concreto.

Imaginemos que queremos proteger un motor con las siguientes características:

P = 15Kw (15 x 1.000 = 15.000w)

V = 380V

Frecuencia = 50Hz

cos fi = 0,85

Fs (factor de servicio) o SF (service factor) = 1.15

El Fs o Sf en inglés, es un número por el que tendremos que multiplicar la intensidad nominal para obtener la intensidad que es capaz de soportar el motor sin riesgo para el propio motor, es decir, **nos determina la carga adecuada del motor,** y a esa intensidad es a la que tendremos que poner nuestro relé térmico.

Nota: el factor de servicio viene en la placa de características del motor, así como el resto de datos.

En caso de no venir puedes utilizar la siguiente tabla:

Hp	Service Factor — Synchronous Speed, Rpm					
	3600	1800	1200	900	720	600
1/20	1.4					
1/12	1.4					
1/8	1.4	1.4	1.4			
1/6	1.35	1.4	1.4	1.4		
1/4	1.35	1.35	1.35	1.4		
1/3	1.35	1.35	1.35	1.35		
1/2	1.25	1.35	1.35	1.35		
3/4	1.25	1.25	1.25	1.35		
1	1.25	1.25	1.15*	1.15*	1.15*	
1-1/2-125	1.15*	1.15*	1.15*	1.15*	1.15*	1.15*
150	1.15*	1.15*	1.15*	1.15*	1.15*	1.15*
200	1.15*	1.15*	1.15*	1.15*	1.15*	1.15*
250	1.0	1.15*	1.15*	1.15*	1.15*	

Veamos la Solución:

$$In = \frac{P}{V \times \sqrt{3} \times \cos \varphi}$$

$$In = \frac{15000}{380 \times 1.75 \times 0.85} = 26.8\ A$$

Regulación del Térmico a 30,94A.

Nota: si el motor viene con la potencia en HP (caballos) se debe multiplicar por 736.

Por ejemplo 15HP x 736 = 11040w

En nuestro caso debemos girar la ruleta hasta colocarla en la posición de 30,8A para que proteja correctamente el motor.

Cuando por el relé térmico pase una intensidad mayor de 30,8A de forma prolongada, abrirá el circuito protegiendo el motor y todos los componentes del circuito.

Decimos **de forma prolongada** porque como ya sabemos los motores en el arranque pueden llegar a consumir una intensidad incluso 7 u 8 veces mayor de la nominal, pero como solo dura unos pocos segundos no es peligrosa, por lo que en estos casos el relé térmico no saltará (no es prolongada).

El relé térmico se coloca entre el motor y el contactor.

Al colocarse siempre detrás del contactor, en muchas

ocasiones (hoy en día casi siempre) podemos incrustarlo (conectarlo) en el propio contactor, en sus contactos de salida.

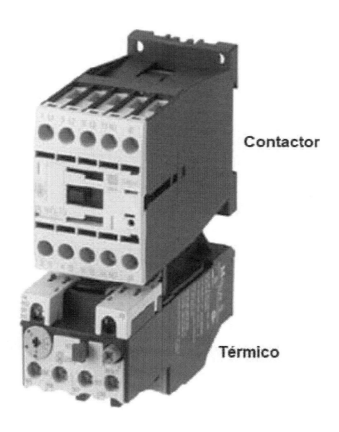

Contactor

Térmico

Pero tenemos 2 formas de conectar el térmico al contactor.

Puede ir insertado en el propio contactor mediante unas varillas metálicas (directa) o separado del contactor de forma independiente (indirecta)

Conexion Directa al Contactor

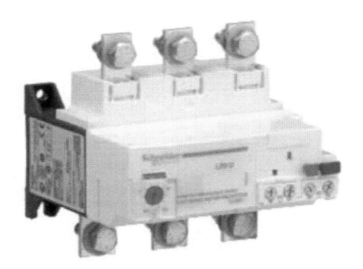

Conexión Indirecta al Contactor

Diferencias con el Magnetotérmico

OJO El relé térmico solo protege contra sobrecalentamiento, pero no protege en caso de cortocircuito, por eso tiene que ir acompañado de un magnetotérmico en el circuito del motor.

Además el relé térmico es un dispositivo que provoca el disparo del relé en caso de ausencia de corriente en una fase (funcionamiento monofásico), cosa que no detecta el magnetotérmico.

La velocidad de corte no es tan rápida como en el interruptor magnetotérmico.

Suele ir "incrustado" en el propio contactor de arranque del motor, el magnetotérmico va independiente.

El relé térmico tiene 2 bornes más aparte de los 3 de potencia, que son los contactos auxiliares.

Además en el relé térmico se puede seleccionar la intensidad para la que queremos que actúe (corte la corriente), el magnetotérmico es para una intensidad máxima concreta.

El aparato que sí que puede sustituir al magnetotérmico es el llamado Guardamotor.

El Guardamotor

El guardamotor es un elemento indispensable en cualquier circuito donde existan Motores Electricos.

Como su propio nombre indica Guarda (protege) a los motores.

El guardamotor **es un interruptor magnetotérmico especial para los motores**, de hecho **también se suele llamar disyuntor guardamotor o guardamotor magnetotérmico.**

Está diseñado especialmente **para proteger los motores frente a sobrecargas y cortocircuitos eléctricos y algunos casos frente el fallo en alguna fase que le llega al motor**, por ejemplo que en trifásica se quede el motor trabajando con 2 fases.

De hecho la única diferencia entre el guardamotor y el magnetotérmico es que tienen características especiales para motores, como **curvas de disparo típicas en motores y que se puede regular la intensidad de disparo del guardamotor.**

En el magnetotérmico la intensidad de disparo es fija.

En todos estos casos **el guardamotor desconecta la alimentación del motor para protegerlo hasta comprobar y arreglar el fallo detectado.**

Suelen utilizarse para proteger motores trifásicos aunque también podemos usarlos para proteger los motores monofásicos, pero en este último caso hay que saber cómo conectarlos correctamente (más adelante lo veremos).

Actúan o **cortan el circuito de potencia**, las 3 fases que alimentan el motor, aunque se le puede incorporar un bloque con algunos contactos auxiliares para su uso en el circuito de mando.

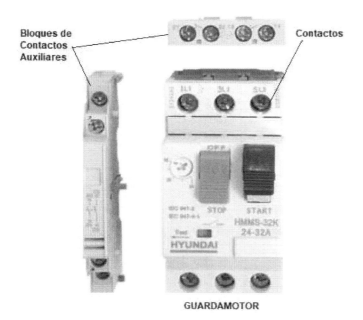

Bloques de
Contactos
Auxiliares

Contactos

GUARDAMOTOR

Contactos

SIMBOLO DEL GUARDAMOTOR

1 3 5

CONTACTOS AUXILIARES

21 13

22 14

2 4 6

Disparo Térmico

Disparo Magnético

Los contactos auxiliares suelen ser un contacto abierto y otro cerrado, el cerrado para la protección y el abierto por si queremos utilizarlo, por ejemplo, para el encendido de una lámpara verde de aviso de motor en marcha, como veremos en los esquemas de más adelante.

Recuerda: El Contacto NO (normally Open) normalmente abierto al saltar el guardamotor cerrará y el NC normalmente cerrado, se abrirá.

El Guardfamotor hace la función del magnetotérmico y del relé térmico y con un sólo aparato se **cubren las siguientes funciones**:

- Protección contra cortocircuitos.

- Protección contra sobrecargas.

- Protección contra falta de fase.

- Arranque y parada.

- Señalamiento.

Mientras que el relé térmico se coloca detrás del contactor, el guardamotor se conecta al principio de la línea de potencia o fuerza como protección general de todo el circuito, **sustituyendo al magnetotérmico**.

Nota: como veremos más adelante es muy frecuente encontrarnos con un guardamotor y un relé térmico para proteger un motor.

Aunque no sería necesario el relé térmico, se coloca

por si el motor sufre algún calentamiento por otras causas ajenas a una sobrecarga o un cortocircuito, que en estos casos ya nos protegería el guardamotor.

Los datos eléctricos de nuestro guardamotor tendremos que sacarlos del motor a proteger.

Una vez tenemos los datos debemos seleccionar nuestro guardamotor con las siguientes características:

- **Tensión de Trabajo**: Normalmente 400V en trifásica

- **Capacidad de Ruptura**: La intensidad máxima que puede cortar el guardamotor sin dañarse.

Importante para saber la corriente de cortocircuito máxima que puede cortar.

- **Intensidad Nominal**: Es un rango entre una máxima y una mínima.

Debemos tener en cuenta que la intensidad nominal del motor que protegerá esté dentro de ese rango.

Por ejemplo si es entre 3 y 5 Amperios, solo podremos usarlo para ese rango de motores.

Un motor de 4A si lo podrá proteger pero uno de 2A o de 7A no.

A veces también podemos averiguar la In de la potencia del motor.

- **Curva de Disparo**: Para cada guardamotor existe una curva que indica el tiempo en que se activa la protección térmica de acuerdo al múltiplo de la corriente nominal.

Hay **2 tipos de guardamotores** en el mercado, el de palanca y el de botón.

El de palanca tiene una palanca giratoria de Encendido y Apagado, el de botón lleva 2 botones uno para arrancar el guardamotor y el otro para apagado.

Si el guardamotor salta automáticamente por algún fallo se ponen en la posición de apagado.

GUARDAMOTOR DE BOTON

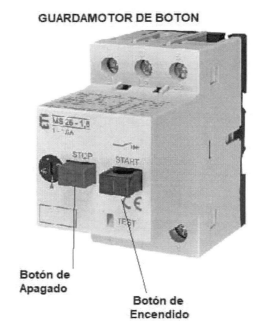

Botón de
Apagado

Botón de
Encendido

SÍMBOLO GUARDAMOTOR DE BOTÓN

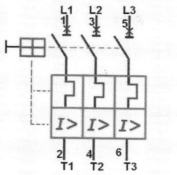

SÍMBOLO GUARDAMOTOR DE PALANCA

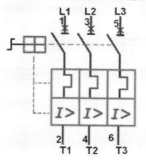

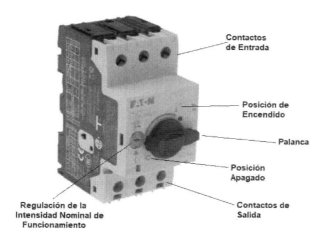

Contactos de Entrada

Posición de Encendido

Palanca

Posición Apagado

Regulación de la Intensidad Nominal de Funcionamiento

Contactos de Salida

107

La diferencia entre los símbolos (por si no la encuentras) es la palanquita de la izquierda del toto del símbolo.

Si, efectivamente el símbolo es el mismo que el del magnetotérmico,

En algunas ocasiones solo dispondremos de un guardamotor trifásico y lo queremos utilizar para proteger un motor de una instalación monofásica.

A continuación tienes la forma de **conectar el guardamotor trifásico para proteger un motor monofásico**:

Si te fijas la corriente por la fase L2, entra por L2 y sale por T2.

L1 sería la fase y L2 el neutro.

GUARDAMOTOR

Líneas de alimentación trifásicas	Líneas de alimentación monofásica
L1 L2 L3	L1 L2
T1 T2 T3	T1 T2
CARGA 3Ø	CARGA 1Ø
Trifásico	Trifásico Utilizado para Monofásico

Por último, puedes ver un circuito de arranque simple de 1 motor, para que veas donde están situados los elementos de protección dentro del circuito:

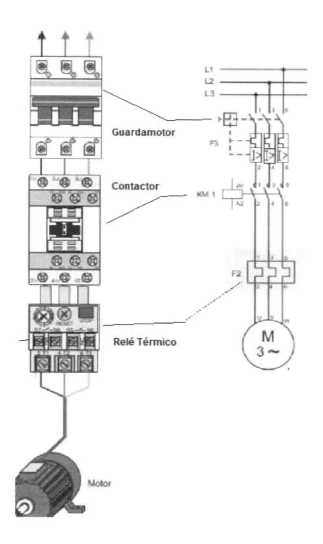

Todos estos elementos protegen a las máquinas y el circuito eléctrico, y aunque en la mayoría de los esquemas que verás no lo llevan, **yo recomiendo siempre poner un diferencial para la protección** de los contactos indirectos y **a las personas**.

El Diferencial

El Diferencial o Relé Diferencial es un aparato eléctrico cuya **misión es la protección de personas** contra los contactos indirectos.

Contactos Indirectos = tocar un sitio donde no debería haber corriente, y sin embargo hay corriente, normalmente una corriente llamada de fuga.

Un ejemplo de una corriente de fuga sería que por la carcasa de la lavadora, o del microondas, por donde nunca debería tener corriente, pero imagina que hubiera una corriente provocada por un cable haciendo mal contacto o pelado sobre la chapa.

Esta pequeña corriente es una corriente de fuga.

Si yo toco la carcasa de la lavadora lógicamente no tendría que tener ningún problema, pero si hay corriente de fuga por ella, sería un contacto indirecto y entonces entra el diferencial para protegernos.

Podríamos decir que **el diferencial protege a las personas** de las corrientes de fuga.

El diferencial debe **cortar toda la instalación** (todos los circuitos), por eso se pone al principio del cuadro eléctrico.

DIFERENCIAL DE LUZ

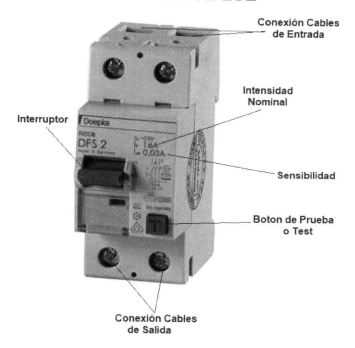

Conexión Cables de Entrada

Intensidad Nominal

Interruptor

Sensibilidad

Boton de Prueba o Test

Conexión Cables de Salida

CUADRO TRIFÁSICO

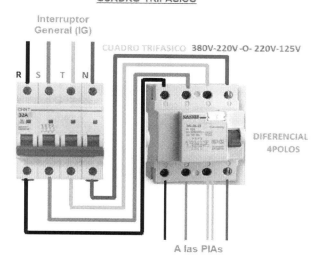

Interruptor General (IG)

CUADRO TRIFASICO 380V-220V-O- 220V-125V

R S T N

DIFERENCIAL 4POLOS

A las PIAs

No entraremos en mucho más detalle con el diferencial, solo una cosa más muy importante a tener en cuenta, la sensibilidad del diferencial.

La sensibilidad es el valor que aparece en catálogo y que identifica al modelo.

Sirve para diferenciar el valor de **la corriente a la que se quiere que "salte" el diferencial**, es decir, **valor de corriente de fuga que si se alcanza en la instalación, ésta se desconectará**.

El tipo de interruptor diferencial que se usa **en las viviendas es de alta sensibilidad (30 mA)**, ya que son los que quedan por debajo del límite considerado peligroso para el cuerpo humano.

Cuando hay una corriente de fuga mayor o igual a 30 miliamperios, el diferencial la detecta, salta y corta la instalación.

La persona queda protegida.

Si la corriente de fuga es menor de 30 miliamperios el diferencial no saltaría cortando la corriente en la instalación.

No hay problema porque para las personas corrientes menores de 30mA no son peligrosas, casi no son detectables por el cuerpo humano.

En los cuadros eléctricos industriales estos valores **pueden ser de 300mA**.

Nota: En todos los esquemas de los automatismos que veremos no aparece el diferencial, pero nuestra recomendación es ponerlo al principio de la instalación, antes del magnetotérmico o guardamotor.

Dispositivos de Salida

En los automatismos los dispositivos de salida son los motores.

Aquí no vamos a estudiar los motores eléctricos, por la gran extensión que eso supondría.

Solo veremos cómo se deben conectar los bornes de los motores al circuito y cómo hacer el cambio de sentido de giro.

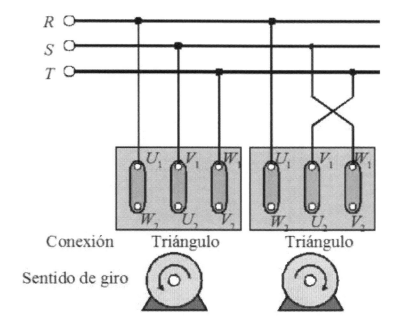

Fijate que para cambiar el sentido de giro solo

tenemos que intercambiar 2 fases.

Otra conexión muy utilizada en el arranque, como luego veremos, es la conexión estrella:

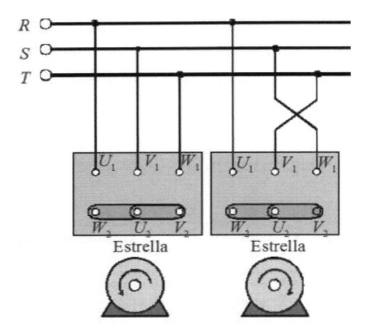

Más adelante veremos más sobre la conexión de los motores eléctricos,pero por ahora no entraremos en más detalles.

Te recomiendo mi libro "Máquinas eléctricas" para conocer mucho más sobre los motores, o ir a la web de areatecnologia.

Simbología de los Automatismos

Veamos la simbología eléctrica utilizada en los esquemas de los automatismos.

Nosotros (y la mayoría) utilizamos la simbología de la Norma DIN (UNE en España) y CEI (Comisión Electrotécnica Internacional).

Cualquier componente eléctrico, al hacer su símbolo en el esquema debe tener:

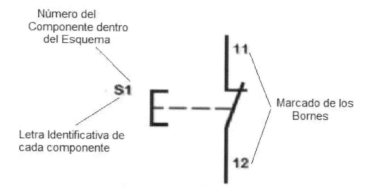

Veamos cada una de las partes por separado.

Letra Identificativa

La letra identificativa es diferente para cada tipo de componente.

Por ejemplo, para los pulsadores e interruptores es la letra S.

115

En los automatismos se utilizan con mucha frecuencia las siguientes letras:

- S para pulsadores e interruptores.

- Q para los magnetotérmicos y guardamotores.

- F para elementos de protección en general, por ejemplo los fusibles y relés térmicos.

OJO a veces verás esta letra en los magnetotérmicos y en los guardamotores, ya que es válida para todos los elementos de protección.

- K para los relés y contactores.

- H para las lámparas.

Además los contactores y relés llevan una segunda letra para saber si es un contactor principal o main (M) o si es auxiliar (A).

Los relés temporizados llevan detrás de la letra K la letra **T** del temporizador, por ejemplo KT1, KT2...

El número del componente dentro del esquema se pone por orden.

Por ejemplo el S1 es el primer pulsador dentro del esquema, el S2 será el segundo y así sucesivamente.

Veamos más letras identificativas:

Tabla 21. Códigos de identificación de aparamenta eléctrica , IEC 750

Letra	Clase	Ejemplos de aplicación
A	Grupos constructivos, partes de grupos constructivos.	Amplificadores, amplificadores magnéticos, láser, máser, combinaciones de aparatos.
B	Convertidores de magnitudes no eléctricas en eléctricas y al contrario.	Transductores, sondas termoeléctricas, termocélulas, células fotoeléctricas, dinamómetros, cristales piezoeléctricos
C	Condensadores.	---
D	Dispositivos de retardo, dispositivos de memoria, elementos binarios.	Conductores de retardo, elementos de enlace, elementos monoestables y biestables, memorias de núcleos, registradores, memorias de discos, aparatos de cinta magnética.
E	Diversos.	Instalaciones de alumbrado, calefacción y otras no indicadas.
F	Dispositivos de protección.	Fusibles, descargador de sobretensión, relés protección y disparador.
G	Generadores.	Generadores rotativos, transformadores de frecuencia rotativos, baterías, equipos de alimentación osciladores.
H	Equipos de señalización.	Aparatos de señalización ópticos y acústicos.
K	Relés, contactores.	Relés auxiliares, intermitentes y de tiempo, contactores de potencia y auxiliares.
L	Inductividad.	Bobinas de reactancia.
M	Motores.	
N	Amplificadores, reguladores.	Circuitos integrados
P	Aparatos de medida, equipos de prueba.	Instrumentos de medición, registradores y contadores, emisores de impulsos, relojes.
Q	Aparatos de maniobra para altas intensidades.	Interruptores de potencia y de protección, interruptores automáticos, seccionadores bajo carga con fusibles.

117

Marcado de Bornes

Utilizamos el término "**bornes**" para referirnos a cada una de las partes metálicas de una máquina o dispositivo eléctrico donde se produce la conexión del aparato con los conductores u otros aparatos, es decir, los tornillos de conexión.

Identificación de Aparatos en Automatismos Eléctricos

Según Norma UNE

| CONTACTOR: (ver tabla de clase de aparato) | ← | K | 3 | M | → | PRINCIPAL: (ver tabla de funciones) |

CONTACTOR n° 3 dentro del esquema

Según Norma CEI

| K | M | 3 | → Contactor principal n.° 3 |

| K | A | 3 | → Contactor auxiliar n.° 3 |

UNE = Una Norma Española
CEI = Comisión Electrotécnica Internacional

Según la norma los bornes de los aparatos se marcaran con la siguiente numeración:

- Bobinas de relés y contactores con A1 y A2

- Lámparas con X1 y X2

- Contactos Principales del Contactor (los del circuito de fuerza): 1-2, 3-4, 5-6....

- Contactos de los relés térmicos 1-2, 3-4 y 5-6

Nota: los contactos auxiliares del relé térmico llevan

una numeración especial que empieza por el número 9.

Los bornes cerrados son el 95-96 y los abiertos los 97-98.

Veamos algunos ejemplos:

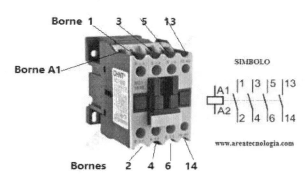

Bornes del Contactor

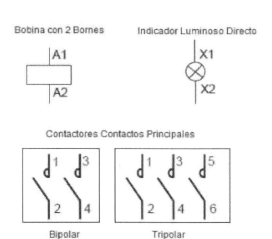

SÍMBOLO MAGNETOTÉRMICO Y/O GUARDAMOTOR
Trifásico

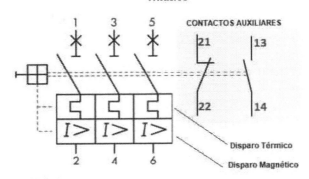

Monofásico

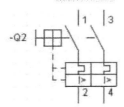

ELEMENTOS DE PROTECCIÓN

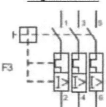

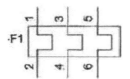

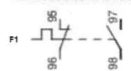

120

Los bornes de los contactos auxiliares y de los contactos de los pulsadores e interruptores se marcan con 2 números:

- El primer número indica el orden del contacto dentro del aparato al que pertenece.

- El segundo indica si está abierto o cerrado.

- 1-2 para los normalmente cerrados
- 3-4 para los normalmente abiertos

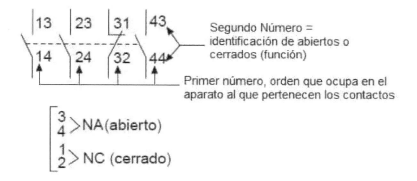

Segundo Número = identificación de abiertos o cerrados (función)

Primer número, orden que ocupa en el aparato al que pertenecen los contactos

$\frac{3}{4}$ > NA (abierto)

$\frac{1}{2}$ > NC (cerrado)

Segunda Cifra:

Contacto normalmente cerrado - NC   Contacto normalmente abierto - NA   Contactos conmutados

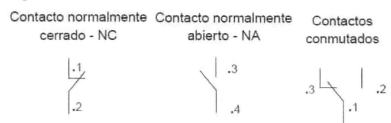

Por ejemplo, en un contactor el contacto 13-14 será el primer contacto del contactor y será un contacto normalmente abierto.

121

El contacto 21-22 será el segundo contacto del contactor y será un contacto normalmente cerrado.

INTERRUPTORES Y PULSADORES

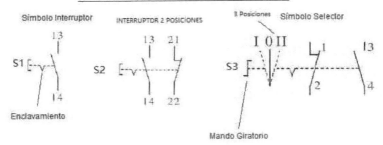

Para **los relés temporizados** el marcado es igual excepto la segunda cifra que será:

- 5-6 para los cerrados
- 7-8 para los abiertos

Por ejemplo, del KT1 (relé temporizador 1) el contacto con bornes 15-16 será un contacto normalmente cerrado y será el primero de todos, y el 25-26 será el segundo de los contactos de KT1 y que también será cerrado.

Podría tener el 37-38, sería el tercer contacto de KT1 y sería normalmente abierto.

Además en el dibujo del símbolo se diferencia si es con retardo a la conexión o trabajo o si es con retardo al reposo a desconexión.

Fíjate en los símbolos:

Contacto retardado
al trabajo

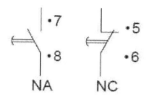

•7

•8

NA

•5

•6

NC

Contacto retardado
al reposo

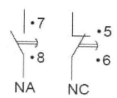

•7

•8

NA

•5

•6

NC

Contacto retardado a la
conexión-desconexión

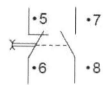

•5

•6

•7

•8

SIMBOLOS BOBINAS RELÉS TEMPORIZADORES

Con Retardo a la Conexión

KT1

A1

A2

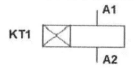

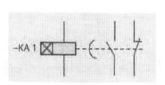

Con Retardo a la Desconexión

KT1

A1

A2

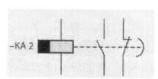

Con Retardo a la
Conexión/Desconexión

KT1

A1

A2

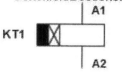

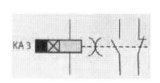

Recordemos el retardo a la conexión y a la desconexión, muy importante para los automatismos.

- **Retrasado a la conexión**: También llamado con **retardo al trabajo** o en inglés "**On Delay**"

En este tipo de contactos, una vez que le llega corriente a la bobina (se excita) del temporizador, el contacto cambia de posición pasado un tiempo desde que se excita la bobina.

Imaginemos que el tiempo es de 5 segundos y el temporizador es con retardo a la conexión.

Una vez que le llega corriente a la bobina del temporizador, pasados 5 segundos, los contactos abiertos se cierran y los cerrados se abren.

Volverán a su posición original sólo cuando deje de llegarle corriente a la bobina (desexcitada).

Recordemos el diagrama de tiempos:

Retrasado a la desconexión: También llamado con **retardo al reposo** o "**Off Delay**" en inglés

Cuando le llega corriente a la bobina del temporizador estos contactos cambian de posición, los cerrados se abren y los abiertos se cierran.

Cuando deja de llegar la corriente a la bobina no cambia de posición automáticamente, sino que pasado un tiempo desde que se desconecta la bobina es cuando vuelven a su posición original.

Por ejemplo, si el tiempo es de 5 segundos, cuando la bobina del temporizador se excita los contactos cerrados se abren y los abiertos se cierran.

Si ahora desactivamos la bobina, es decir le deja de llegar corriente, entonces los contactos permanecen en esa posición 5 segundos más.

Pasados esos 5 segundos desde su desactivación, es cuando vuelven a su posición de reposo.

Recordemos el diagrama de tiempos:

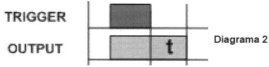

Veamos **algunos ejemplos** de todo lo estudiado en el marcado de bornes:

bornas 11 y 12 = 1er contacto normalmente cerrado (función NC)

bornas 23 y 24 = 2° contacto normalmente abierto (función NA)

bornas 35 y 36 = 3er contacto (función temporizada NC)

bornas 47 y 48 = 4° contacto (función temporizada NA)

Para Nombrar o Marcar las Alimentaciones y las Salidas de los Circuitos en los automatismos:

- Alimentación tetrapolar: L1 - L2 - L3 - N - PE (3 fases, neutro y tierra)

- Alimentación tripolar: L1 - L2 - L3 - PE (3 fases y tierra)

- Alimentación monofásica simple: L - N - PE (fase, neutro y tierra)

- Alimentación monofásica compuesta: L1 - L2 - PE (2 fases y tierra)

- Salidas a motores trifásicos: U - V - W - (PE)* ó K - L - M - (PE)*

- Salidas a motores monofásicos: U - V - (PE)* ó K - L - (PE)*

- Salidas a resistencias: A - B - C, etc.

Símbolos

Ya hemos visto los símbolos de los interruptores, pulsadores, contactores, temporizadores y elementos de protección.

Repasemos ahora otro tipo de símbolos.

Símbolos utilizados para la señalización:

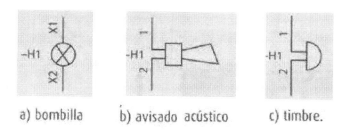

a) bombilla   b) avisado acústico   c) timbre.

Veamos ahora los símbolos de los finales de carreras y algunos sensores:

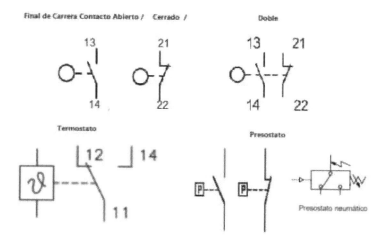

Simbología de los Accionadores Eléctricos

Ya sabes que por ejemplo, los finales de carrera se pueden accionar de varias formas, y lo mismo ocurre con otros elementos.

Por eso veamos los símbolos que expresan **la forma de accionar de los** componentes eléctricos.

SIMBOLOGIA PARA LOS ACCIONADORES ELECTRICOS

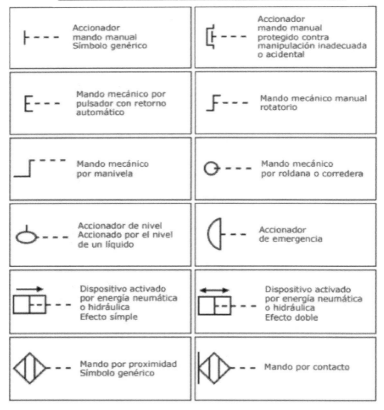

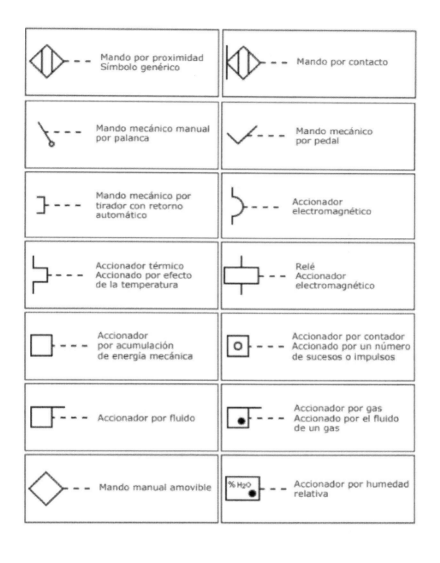

Mando por proximidad Símbolo genérico	Mando por contacto
Mando mecánico manual por palanca	Mando mecánico por pedal
Mando mecánico por tirador con retorno automático	Accionador electromagnético
Accionador térmico Accionado por efecto de la temperatura	Relé Accionador electromagnético
Accionador por acumulación de energía mecánica	Accionador por contador Accionado por un número de sucesos o impulsos
Accionador por fluido	Accionador por gas Accionado por el fluido de un gas
Mando manual amovible	Accionador por humedad relativa

2 elementos del esquema unidos por línea discotínua significa accionamiento mecánico de los 2 elementos.

En el ejemplos sería:

Accionamiento Mecánico de 2 pulsadores

129

Esquemas de los Automatismos

Los esquemas de un automatismo eléctrico **son representaciones simplificadas de un circuito**, independientemente de la clase de esquema, en su realización siempre se deben perseguir los siguientes objetivos:

– Expresar de una forma clara el funcionamiento del circuito y de cada uno de sus aparatos.

– Facilitar la localización de cada aparato y sus dispositivos dentro del circuito.

Por regla general, se evitarán los trazos oblicuos de conductores, limitándose a trazos horizontales y verticales.

El trazo oblicuo se limitará a condiciones en las que sea imprescindible para facilitar la comprensión del esquema.

Todos los circuitos relacionados con el entorno de los automatismos eléctricos **se representan gráficamente en estado de reposo**.

El esquema eléctrico nos representa cómo se relacionan las distintas partes o componentes de un circuito indicando cómo se conectan entre sí y con la red eléctrica.

Tipos de Esquemas

Los esquemas que aquí encontrarás son **esquemas**

funcionales, divididos en 2 esquemas diferentes, **el esquema de mando y el de fuerza** o potencia.

El esquema de mando: Son los esquemas que representan la parte de control de un automatismo y es una representación de la lógica del automatismo, deben estar representados los siguientes elementos:

– Bobinas de los elementos de mando y protección (contactores, relés, etc.).

– Elementos de diálogo hombre–máquina (pulsadores, finales de carrera, etc.).
– Dispositivos de señalización (pilotos, alarmas, etc.).
– Contactos auxiliares de los aparatos.

Su función principal es la de gobernar y gestionar el comportamiento del propio circuito de fuerza.

El esquema de Potencia o de Fuerza: mediante el cual se suministra energía a los receptores finales a través de las respectivas protecciones (generalmente motores eléctricos).

En este esquema figuran los contactos principales de los siguientes elementos:

– Dispositivos de protección (disyuntores, fusibles, relés, etc.).
– Dispositivos de conexión-desconexión (contactores, interruptores, etc.).
– Actuadores (motores, instalaciones, etc.).

A continuación tienes un ejemplo:

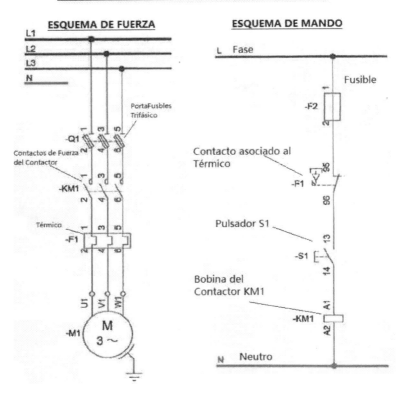

Si el circuito es sencillo se pueden dibujar en la misma hoja el esquema de potencia, a la izquierda, y el de mando a la derecha, cuando esto no sea posible se dibuja primero el de la potencia y después el de mando.

Se utilizarán más hojas enumerando el orden sobre el total, así 1/5, 2/5, 3/5... nos indica que el total de hojas son 5 y la cifra primera el orden que ocupa.

Por el número de elementos que se representan con un mismo símbolo pueden ser:

132

a) **Esquemas unifilares**: cuando se representan con un mismo trazo varios conductores o elementos que se repiten.

Se utilizan para los circuitos de potencia de sistemas polifásicos en los que se dibuja una fase y se indica sobre el conductor a cuántas fases se extiende según sea bifásico, trifásico, etc.

b) **Esquemas multifilares**: cuando se representan todos los conductores y elementos cada uno con su símbolo.

Se utilizan en la representación de los circuitos de mando, donde cada elemento realiza funciones diferentes, y para representar circuitos de potencia de automatismos.

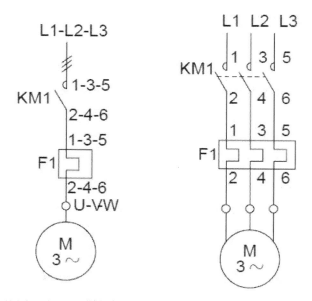

Esquema unifilar trifásico. Esquema multifilar trifásico.

Por el lugar en que están situados los dispositivos de un mismo automatismo dentro del esquema existen los siguientes tipos de representación:

a) **Representación conjunta**: todos los símbolos de dispositivos de un mismo aparato están representados próximos entre sí y se aprecia la función de cada uno de ellos en su conjunto.

Esta representación está en desuso por la complejidad a que se llega en circuitos de grandes dimensiones.

b) **Representación semidesarrollada**: los símbolos de dispositivos de un mismo aparato están separados, aunque situados de manera que las uniones mecánicas se definen con claridad.

c) **Representación desarrollada**: los símbolos de dispositivos de un mismo aparato están separados y las uniones mecánicas entre ellos no se dibujan.

En este tipo de representación deben estar identificados todos los dispositivos y aparatos para que quede clara la actuación y la secuencia de cada uno de ellos.

Esta es la forma más utilizada por los técnicos.

Veamos algunos ejemplos:

Representación conjunta.

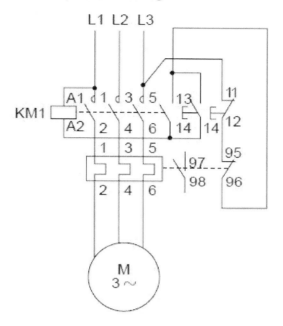

Representación desarrollada.

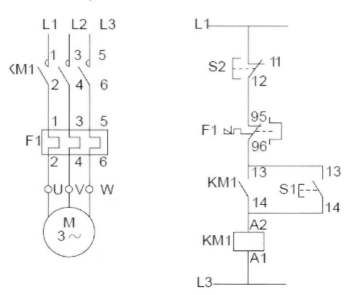

135

Representación semidesarrollada.

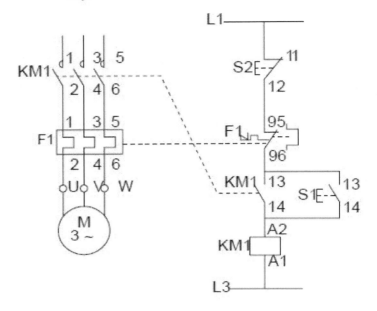

OJO

En los esquemas de automatismos, siempre que aparece representada una línea a trazos, indica que dos elementos de un mismo esquema están unidos mecánicamente y actúan a la vez. Por lo tanto dicha representación no debe ser interpretada **nunca** como una conexión eléctrica.

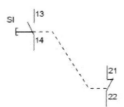

Método de la Cuadrículas

Para la localización de elementos dentro del esquema el método más utilizado es el de cuadrícula, que consiste en numerar la parte superior de las hojas (eje horizontal) 1, 2, 3, etc., y en la parte izquierda (eje vertical) con letras A, B, C, etc., según sea necesario.

El dibujo queda dividido en cuadrículas de manera que tendremos localizados los aparatos con las coordenadas que ocupan en el dibujo.

Las cuadrículas no tienen porqué ser iguales, ajustándose a las necesidades del esquema.

Cuando la complejidad del esquema lo requiera se utilizarán anexos.

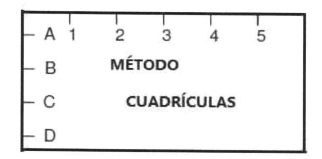

Referencias Cruzadas

En los circuitos de mando, lo más habitual es **dibujar debajo de cada aparato sus contactos y un**

número que nos indica dónde están localizados en el esquema (referencias cruzadas).

Nota: Esto se hace sobre todo en los esquemas muy grandes, donde incluso tenemos el automatismo en varias hojas diferentes, aunque es muy recomendable hacerlo en todos los esquemas.

Otra manera de representar las referencias es en forma de tabla, indicando **el tipo de contacto abierto o cerrado y un número debajo que nos indica dónde se encuentra en el esquema**.

En el esquema de la página siguiente, el KM1 tiene 1 contacto abierto (A) en la columna 1 del esquema y un contacto cerrado (C) en la columna 2.

El KM3 solo tiene uno cerrado en la columna 1 del esquema.

El KM2 solo tiene uno abierto en la columna 2.

El KA1 (contactor auxiliar 1) tiene uno abierto en la columna 3 y uno cerrado en la columna 1.

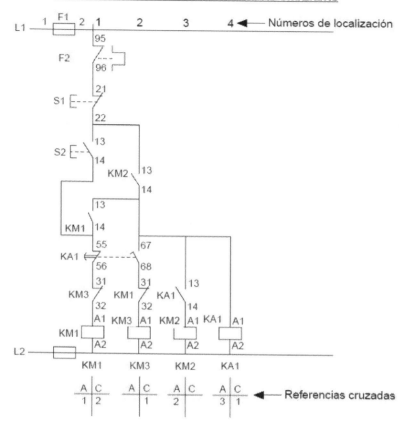

Identificación de los Conductores del Automatismo

Es recomendable **identificar todos los conductores** mediante marcas identificadoras, **especialmente en los circuitos que por su complejidad se hace obligatoria para facilitar la comprensión y el mantenimiento**.

Aunque la identificación no es obligatoria, de hecho

en casi ningún esquema lo verás, cuando pasemos del esquema al montaje del cuadro eléctrico, tener identificado los cables será de mucha utilidad para no equivocarnos.

Dichas marcas deberán identificar todos los conductores en el esquema con las mismas marcas que llevarán visibles físicamente los conductores en los montajes eléctricos.

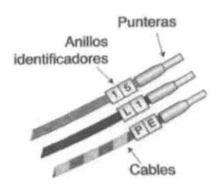

Cada conductor o **grupo de conductores conectados equipotencialmente deberá llevar un número único igual** en todo su recorrido y distinto de otras conexiones equipotenciales.

Físicamente, dicha marca se pondrá en lugar visible fijada al conductor y cerca de todos y cada uno de los terminales o conexiones.

Las marcas inscritas en el esquema deben poderse leer en dos orientaciones separadas con un ángulo de 90°, desde los bordes inferior y derecho del documento.

Se deben situar orientadas en el mismo sentido que el trazo del conductor (para trazos verticales de conductor, las marcas se escribirán de abajo a arriba en el sentido del trazo para poder leer desde el borde derecho del documento).

Veamos en la página siguiente un ejemplo de marcado de los conductores en un esquema de fuerza y en otro de mando:

Todos los conductores que ves con el mismo número son el mismo conductor.

Por ejemplo el 13, aunque la conexión la veas en el esquema donde el círculo negro, en la realidad cuando vas a poner el conductor 13 lo pones desde el borne 5 del KM1 hasta el borne 5 del KM2.

Nunca se hacen empalmes entre cables.

Recuerda que el esquema solo es una representación de la realidad, no la realidad.

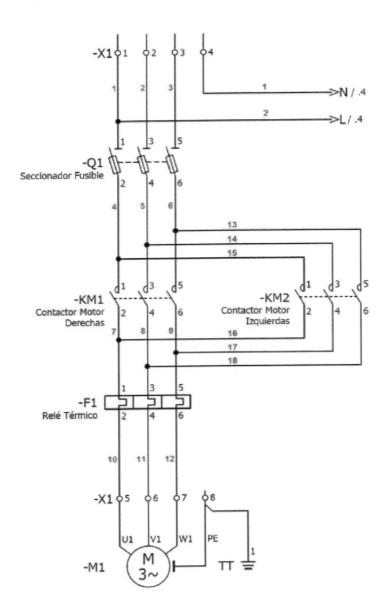

-X1 1 2 3 4

1 N / .4
2 L / .4

-Q1
Seccionador Fusible

-KM1
Contactor Motor
Derechas

-KM2
Contactor Motor
Izquierdas

-F1
Relé Térmico

-X1 5 6 7 8

-M1   M 3~   TT

142

Ahora veamos la identificación de cables en el esquema de mando.

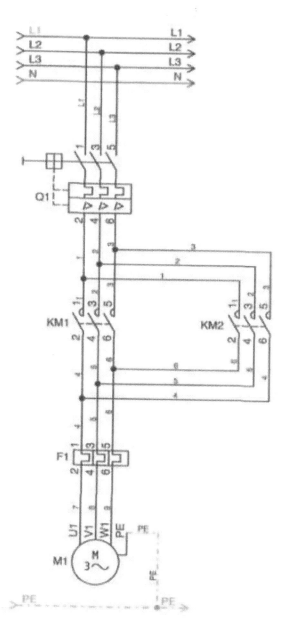

Ahora que ya sabemos cómo se representan los esquemas de los automatismos, pasemos a ver sus esquemas más utilizados y básicos.

Esquemas Básicos de los Automatismos

El primer esquema es uno ya visto anteriormente.

Arranque Directo Mediante Pulsador

Es el arranque de un motor directamente por medio de un pulsador.

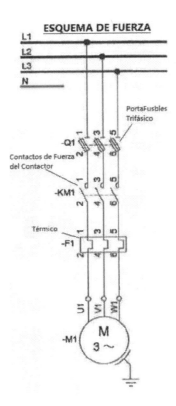

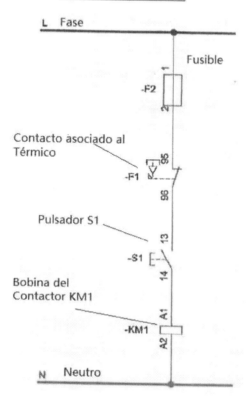

ESQUEMA DE MANDO

L Fase

Fusible

-F2

Contacto asociado al
Térmico

-F1

95

96

Pulsador S1

13

-S1

14

Bobina del
Contactor KM1

A1

-KM1

A2

N Neutro

Fíjate que cuando pulsamos en el esquema de mando S1, se energiza o activa la bobina del contactor KM1.

En ese momento los contactos de KM1 del esquema de fuerza se cierran y el motor arranca.

Por supuesto el esquema de fuerza y mando llevan los elementos de protección, el relé térmico y un Fusible Trifásico.

145

Si el fusible o relé térmico saltara, se abrirán sus contactos y aunque tengamos pulsado S1, le dejaría de llegar corriente a la bobina KM1, ya que F1 del de mando se abriría (o el fusible).

¡¡¡OJO!! Los motores eléctricos tienen "**puntas de arranque**", es decir, que **pueden consumir en el arranque**, incluso **7 u 8 veces la intensidad nominal del motor**.

Una vez que el motor ya está en marcha la intensidad que consume será la nominal.

Para evitar estas puntas de arranque los motores de mucha potencia se arrancan mediante variadores de frecuencia, arranque estrella-triángulo, y otros métodos como luego veremos mucho más ampliado.

Por este motivo **solo deben hacerse arranques directos en motores de pequeñas potencias** y que no tengan grandes puntas de arranque.

Otra variación del esquema anterior puede ser el siguiente, en el que el elemento de protección es un magnetotérmico o guardamotor, mucho más habitual.

ARRANQUE DIRECTO DE UN MOTOR MEDIANTE PULSADOR

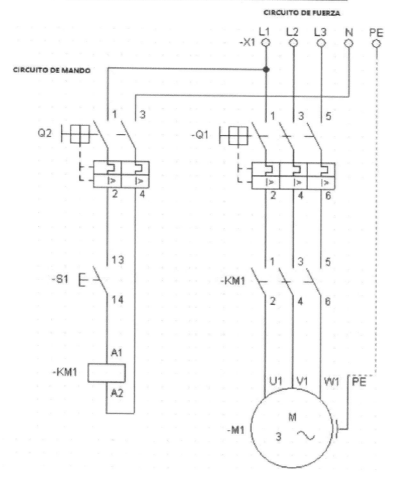

CIRCUITO DE FUERZA

CIRCUITO DE MANDO

Estos esquemas no tienen mucho sentido, ya que tendríamos que tener pulsado constantemente el pulsador S1 para que el motor estuviera en marcha, aunque cualquier esquema puede tener utilidad en alguna instalación, nunca se sabe.

Control Manual mediante un Conmutador

El conmutador tiene 2 posiciones en las que puede quedar enclavado (fijo).

La posición 1 (línea continua) corresponde a la posición de reposo o paro del contacto (NA).

En esta posición la bobina de mando de KM1 está desexcitada.

El contactor KM1 se activa poniendo el S1 en posición de "marcha" o posición 2.

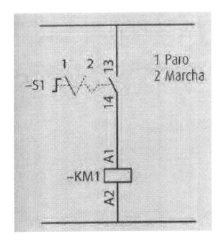

Nota: solo representamos el esquema de mando porque el de fuerza será el mismo de antes.

No es muy aconsejable la utilización de este control, a menos que sea sobre máquinas no peligrosas que puedan funcionar sin vigilancia.

Si se produjera un corte de corriente estando S1 en "marcha", al volver la alimentación la bobina de mando de KM1 quedaría excitada y la máquina o motor sobre el que actúa se pondría en marcha de repente.

Arranque Directo Motor con Enclavamiento Eléctrico

El enclavamiento eléctrico lo llevan casi el 100% de los automatismos eléctricos, por lo que es muy importante que lo entiendas perfectamente.

Se trata de que el motor quede arrancado una vez que pulsemos el pulsador de arranque (S2) y al soltarlo sigue en funcionamiento.

Para parar el motor se debe de pulsar el pulsador de paro (S1)

Disponemos ahora de 2 pulsadores: uno de paro (S1) y otro de marcha (S2), éste último en paralelo con un contacto auxiliar del contactor KM1 (contacto de enclavamiento o de autoalimentación)

Al estar en paralelo, una vez activada la bobina del KM1, este contacto abierto y en paralelo, ahora se cierra y es por donde seguirá alimentada la bobina KM1 aunque soltemos el pulsador S2.

El enclavamiento eléctrico no es más que una **realimentación**.

Aquí sí que te representamos los 2 esquemas, debido a la importancia del circuito.

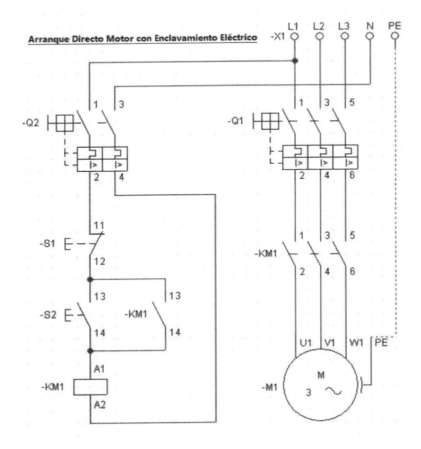

Arranque Directo Motor con Enclavamiento Eléctrico

Un automatismo en el que se utiliza el contacto de enclavamiento para garantizar la alimentación de la bobina de mando cuando se libera el pulsador que excita dicha bobina, recibe el nombre de **circuito con realimentación o con memoria**.

Puedes ver también el contacto de realimentación o memoria que sale de la fase, realmente es lo mismo.

ESQUEMA DE REALIMENTACIÓN O MEMORIA

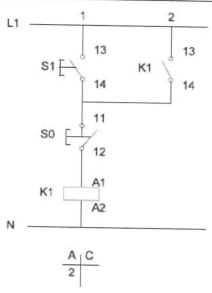

En este esquema hemos representado las referencias cruzadas, tal cómo estudiamos anteriormente.

Aquí no las pondremos para dejar solo el esquema, que es realmente lo que nos interesa aprender, pero eso no significa que no tengamos que ponerlas, sobre todo en esquemas muy grandes para no perderse.

Arranque Motor Desde Diferentes Posiciones

Si ahora quisiéramos tener el mismo esquema, pero

que pudiéramos arrancar el motor desde diferentes sitios (diferentes pulsadores), por ejemplo, 2 sitios diferentes..

Deberíamos colocar **pulsadores abiertos en paralelo** al pulsador S2 (ahora será S3).

Pero OJO, también deberíamos poder parar el motor en cada una de esas posiciones desde donde se puede arrancar, por eso se colocan también la misma cantidad de pulsadores, pero cerrados y en serie con el de paro (S1).

Veamos el esquema para el caso de 2 posiciones:

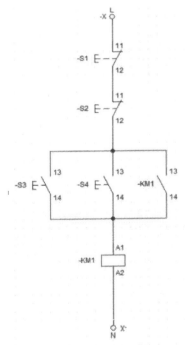

Para más posiciones simplemente colocar más pulsadores en paralelo Abiertos y En serie Cerrados

Arranque Motor con Marcha Preferente

Ahora veamos el esquema de arranque con memoria, pero dando prioridad a la conexión, es decir, si se dan las 2 condiciones Marcha-Paro a la vez, la opción predominante será la Marcha.

Debido a esto es un montaje denominado **Prioridad a la Conexión o de Marcha Preferente**.

En caso de darse las condiciones de forma no coincidente, el funcionamiento será similar al descrito en el apartado anterior.

Fíjate que si pulsamos los 2 pulsadores a la vez, S1 y S2, a la bobina solo le llegará corriente por S1, ya que por S2 no le puede llegar corriente hasta que no esté activada la KM1.

Eso sí, una vez el motor esté en marcha (bobina activada), ya podemos pulsar S1 para pararlo cuando queramos, por eso se llama de "Marcha Preferente", porque primero hay que arrancar el motor y luego pararlo.

Marcha Preferente desde 2 Sitios Diferentes

Poco que comentar, más en serie y en paralelo, como antes.

Arranque Motor con Marcha Preferente

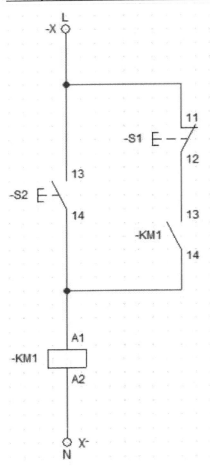

Recordar que en este circuito hemos puesto el contacto F1 cerrado asociado al térmico, en caso de que el relé térmico salte (se desactive), este contacto se abre y deja sin alimentación a la bobina del contactor y por tanto se pararía el motor.

Marcha Preferente desde 2 Sitios

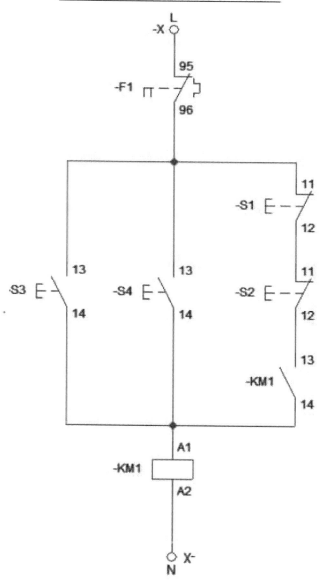

Señalización de Paro y Marcha del Motor

Para saber si un motor está parado o en marcha, normalmente se hace mediante una lámpara verde para señalizar la marcha y una roja para señalizar el paro.

Estas lámparas se colocan de la siguiente forma en los esquemas:

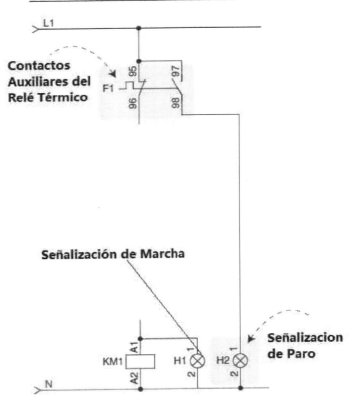

SEÑALIZACIÓN PARO Y MARCHA

La lámpara de marcha también podría ponerse en serie con un contacto abierto del contactor y en un línea del circuito diferente, en lugar de en paralelo con la bobina.

Control de Contactores Asociados

En muchos de los automatismos que controlan procesos es necesario controlar contactores que trabajan de forma asociada.

Por tanto, es un requisito imprescindible que un contactor esté activado para que funcionen otros, o bien que esté desactivado para que puedan activarse otros.

Estas son las normas básicas de trabajo:

- Cuando queramos que un contactor (KM2) se active solamente si ya está activado otro (KM1), colocaremos contactos normalmente abiertos (NA) de KM1 en serie con la bobina de mando de KM2.

- Cuando queramos que un contactor (KM2) se active solamente si no está activado otro (KM1), colocaremos contactos normalmente cerrados (NC) de KM1 en serie con la bobina de mando de KM2.

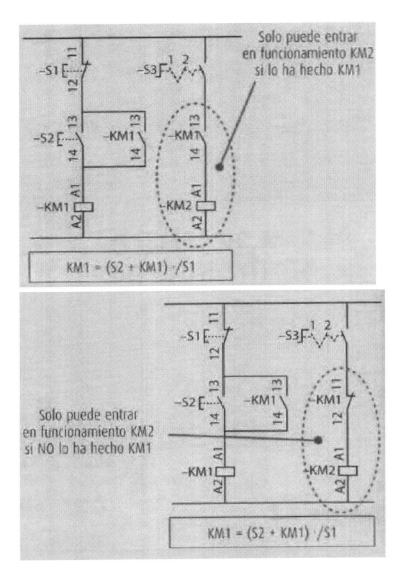

Solo puede entrar en funcionamiento KM2 si lo ha hecho KM1

$$KM1 = (S2 + KM1) \cdot /S1$$

Solo puede entrar en funcionamiento KM2 si NO lo ha hecho KM1

$$KM1 = (S2 + KM1) \cdot /S1$$

Antes de seguir, creo que es el momento de plantearte un ejercicio.

Queremos un automatismo que funcione con las siguientes condiciones:

- Cuando pulse el pulsador S1 el S2 se queda luciendo la lámpara de señalización H1.

- Si ahora pulsas S3 ó S4 deja de lucir H1, pero si no luce H1, entonces debe lucir la lámpara de señalización H2.

- El esquema debe ser con prioridad a la desconexión.

Intenta pensarlo y desarrollarlo en una hoja por ti mismo.

De todas formas aquí tienes la solución:

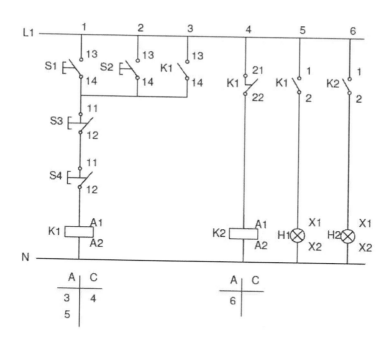

¿Y si la prioridad fuera a la conexión?

Ese te lo dejamos para que lo resuelvas tú solito.

Hagamos **otro ejercicio**:

Condiciones:

- Mediante el pulsador S1 se acciona (luce) la lámpara H1.

- Mediante el pulsador S2 se acciona (luce) la lámpara H2, pero ojo, solo si está activada H1.

- Un pulsador de paro S0 desconecta todo.

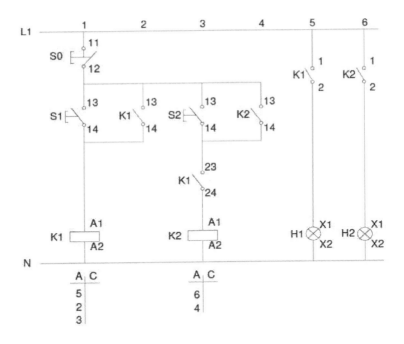

Ahora te planteamos el ejercicio al revés.

¿Qué hace el siguiente circuito?

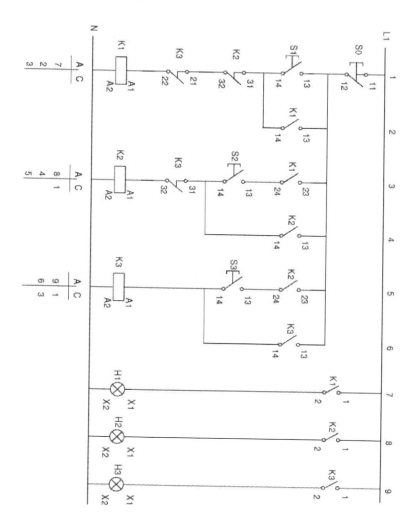

Pues la solución es:

Es un **secuencia de contactores** de tal forma que:

Cuando pulsamos S1 luce H1 (K1) no lucen H2 y H3

Cuando pulsamos S2 luce H2 y se apaga H1 y H3 no luce

Cuando pulsamos S3 luce H3 y se apaga H1 y H2

Arranque de 3 Motores en Cascada

3 MOTORES EN CASCADA

Leyenda:

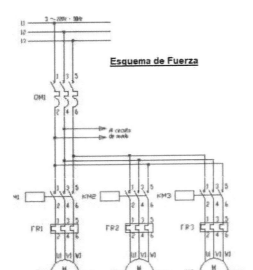

QM1- Interruptor magnetotérmico g
QM2- I. Magnetotérmico circuito de
KM1- Contactor 1
KM2- Contactor 2
KM3- Contactor 3
FR1- Relé térmico M1
FR2- Relé térmico M2
FR3- Relé térmico M3
M1- Motor 1
M2- Motor 2
M3- Motor 3
SB1- Pulsador Parada
SB2- Pulsador de marcha motor 1
SB3- Pulsador de marcha motor 2
SB4- Pulsador de marcha motor 3
HL1. Lámpara M1
HL2- Lámpara M2.
HL3- Lámpara M3
HL4- Lámpara relé térmico

162

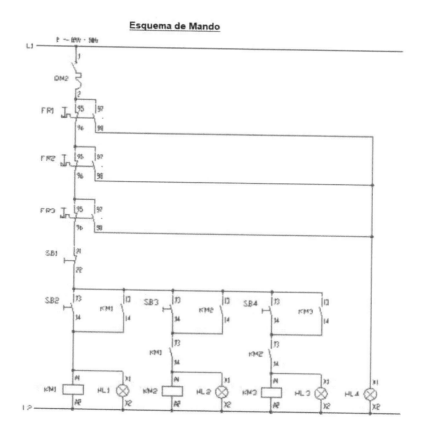

Esquema de Mando

Inversión de Giro de un Motor

Para que un motor cambie de sentido de giro solo es necesario que cambiemos el orden de alguna de las fases al llegar al motor.

En el esquema siguiente cambiamos la L1 por la L2 (fíjate en el esquema de fuerza).

En este caso lo vamos hacer mediante pulsadores pasando por paro.

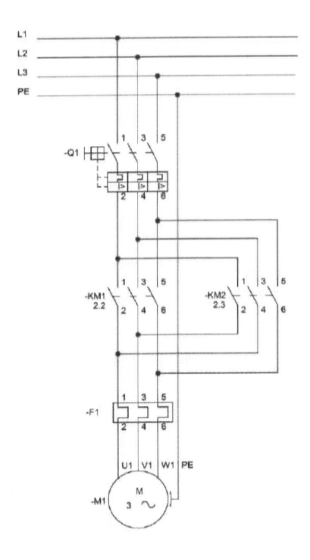

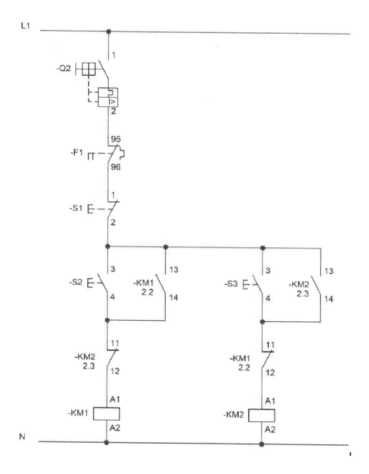

Inversión de Giro Mediante Finales de Carrera

Se trata de que los finales de carrera, cuando el motor llega al final del recorrido en una dirección, hagan el cambio de sentido del motor de forma automática.

165

Tenemos en el esquema 2 finales de carrera S2 y S3 y cada uno de ellos con 2 contactos, uno abierto y otro cerrado.

F1 activa el motor y el motor estaría girando en un sentido y en otro constantemente y solo se pararía al pulsar S1.

Las fases L1 y L2 son las que se intercambian para hacer el cambio de sentido.

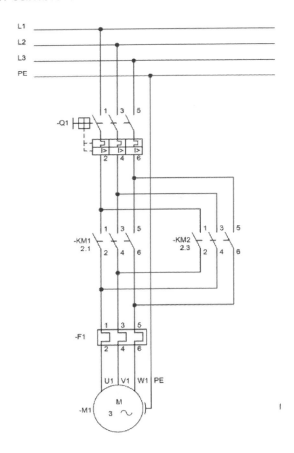

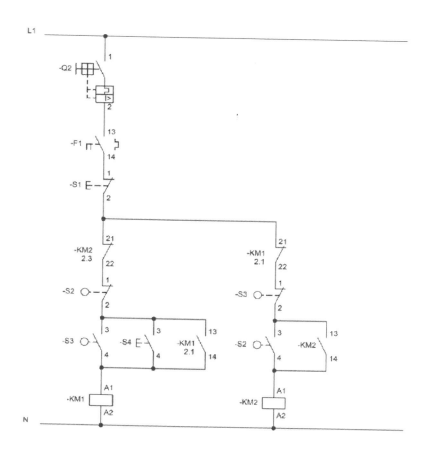

Nota: en lugar de finales de carrera podríamos utilizar detectores de proximidad inductivos.

Circuitos de Mando con Temporizadores

En muchísimos automatismos es necesario introducir retardos entre las diferentes maniobras que se pueden realizar.

Vamos a ver algunos circuitos de control que utilizan temporizadores.

Temporizador a la Conexión

En el esquema siguiente puedes ver el esquema de un relé con un contacto de cierre inmediato (23-24) y otro temporizado a la conexión o excitación (17-18).

Al accionar el pulsador de marcha S2 se excita la bobina del relé KT1 y se cierra su contacto de enclavamiento.

El cierre del contacto garantiza que, tras liberarse S2, KT1 continúe activado.

Una vez activado KT1, su contacto temporizado se activa (se cierra, puesto que es NA) pasado un tiempo de retardo t.

Tras este tiempo se ilumina la bombilla H1 (o arranca un motor en el circuito de fuerza).

Ésta permanece así hasta que se desactiva KT1 mediante el pulsador de paro S1.

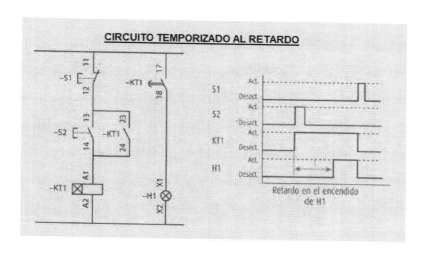

CIRCUITO TEMPORIZADO AL RETARDO

Retardo en el encendido de H1

Temporizador a la Desconexión

Cuando se acciona el interruptor S1, la bobina del relé KT1 queda excitada y su contacto temporizado (17-18) se cierra inmediatamente.

Tras ello, se ilumina de nuevo el señalizador H1.

Esta situación se prolonga hasta que desenclavamos S1, hecho que desexcita la bobina de KT1.

Pero su contacto no se abre entonces: al ser temporizado a la desconexión, el señalizador H1 permanece iluminado hasta que, pasado un tiempo t, se abre el contacto temporizado.

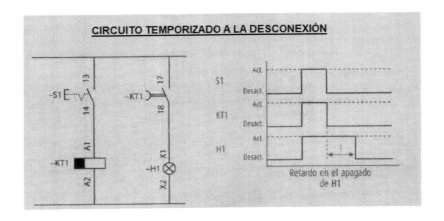

CIRCUITO TEMPORIZADO A LA DESCONEXIÓN

Retardo en el apagado de H1

Hagamos un ejercicio de temporizadores.

Condiciones del automatismos:

- Un pulsador S1 pone en funcionamiento las lámparas H1 y H2.

- A los 5 sg se quedan conectados H1 y H3.

- H2 y H3 nunca pueden estar conectados a la vez.

- S0 desconecta todo.

- El temporizador es electrónico y una vez haya realizado su función de conectar H3 y desconectar H2 debe quedarse desconectado.

Solución:

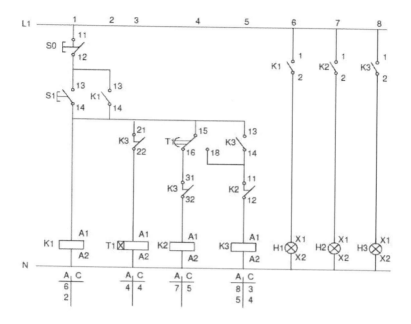

Inversión de Giro con Pausa

Vamos a ver el esquema de la inversión de giro mediante finales de carrera, al igual que el que vimos antes, pero en esta ocasión vamos hacer que se haga una pausa antes de que el motor cambie de sentido de giro una vez que llega el final de carrera.

El esquema de fuerza es idéntico al anterior, por eso solo representamos el esquema de mando.

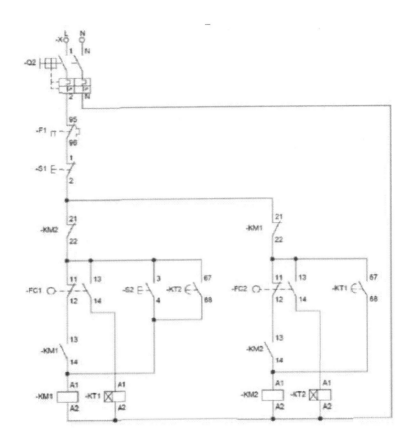

<u>Arranque Estrella Triángulo</u>

Como ya debemos saber, los motores trifásicos tienen una punta de intensidad de arranque muy alta, es decir, **en el arranque consumen mucha más intensidad que en su funcionamiento normal**.

Puede llegar a ser hasta **7 u 8   veces mayor la intensidad de arranque** que la nominal.

Podemos compararlo con un coche parado al que

vamos a empujar.

Si tenemos que empujarlo cuando está totalmente parado, al principio tendremos que utilizar mucha fuerza (potencia) para moverlo, pero una vez que está en movimiento nos costará menos moverlo por la inercia del movimiento.

En los motores eléctricos pasa lo mismo, inicialmente hay que vencer el par de arranque, es decir pasarlo de totalmente parado a estar en movimiento girando el eje o rotor.

Una vez en movimiento el motor necesita menos consumo porque ya está dando vueltas el rotor y lleva su propia inercia.

¿Cómo podemos evitar ese consumo tan grande en el arranque?

Pues una de las soluciones es **arrancar el motor con una tensión menor en sus bobinas a la tensión cuando alcanza su "estado normal".**

Consideramos **estado normal** aquel en el que la tensión de las bobinas del motor es la de la red o conectadas **en triángulo**, es decir, si tiene 3 bobinas cada bobina conectada a 400V en trifásica entre los extremos de cada bobina.

Si en lugar de los 400V de la red las conectamos en el arranque a una tensión menor, la intensidad por ellas será menor también, reduciéndose la intensidad de arranque.

Una vez que el motor está girando ya podemos poner

las bobinas a su tensión nominal (400V) y que el motor funcione como tiene que funcionar.

La solución por tanto es **conectar las bobinas del motor en el arranque en estrella (230V) y cuando ya está en movimiento pasarlas a la conexión en triángulo.**

Al conectar las bobinas en estrella las bobinas del motor se conectan a menos tensión de su tensión nominal o de la red y consumen menos intensidad.

Veamos el por qué de estas tensiones.

¡¡¡OJO!!! Nosotros conectamos el motor siempre a 400V, tensión en trifásica, y para que el motor funcione normal debemos conectar a esta tensión los extremos de cada bobina interna del motor.

Dependiendo de cómo conectemos las bobinas del motor, en estrella o en triángulo, las tensiones a las que se verán sometidas las bobinas serán distintas.

La tensión que cambiamos es a la que estarán las bobinas del motor en sus extremos.

Fíjate en el esquema siguiente:

Conexión estrella

Conexión triángulo

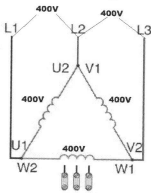

La tensión total se divide entre 2 bobinas
Conectamos el motor a 400V y las
bobinas quedan conectadas a 230V

Conectamos el motor a 400V y las
bobinas quedan conectadas a 400V

Tensiones en las Bobinas Motores Trifásico de 6 Bornes

Conexión Estrella

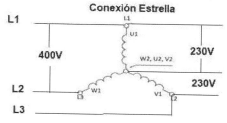

Conexión Terminales en Estrella

Conexión Triángulo

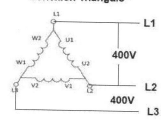

Conexión Terminales en Triángulo

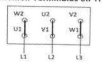

175

En estrella el punto central es un punto neutro, como si fuera el neutro de la línea, por lo que las bobinas quedan conectadas a la tensión entre fase y neutro (230V) y no entre fases 400V.

En estrella las bobinas trabajan al 58% de su tensión nominal y por lo tanto la velocidad del motor también será menor igual que la intensidad.

Queda claro que **si arrancamos nuestro motor en estrella la tensión en las bobinas es menor (230V)** y por lo tanto la intensidad de arranque disminuye.

Una vez que ya cogió revoluciones el motor lo ponemos a trabajar en triángulo, a 400V, que es su tensión nominal de trabajo.

La conexión triángulo también se llama "**Conexión Delta**".

Fíjate cómo sería **la caja de bornes** de un motor trifásico.

En el primer dibujo se ve la conexión de las bobinas.

En el segundo dibujo la conexión necesaria para que queden conectadas en triángulo y como tienen que conectarse definitivamente una vez arrancado.

En el tercer dibujo la conexión necesaria para que queden conectadas en estrella, solo durante un pequeño tiempo en el arranque.

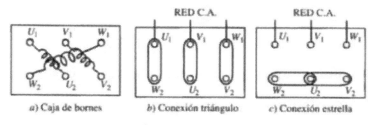

a) Caja de bornes   b) Conexión triángulo   c) Conexión estrella

Placa de bornes. Conexiones estrella y triángulo.

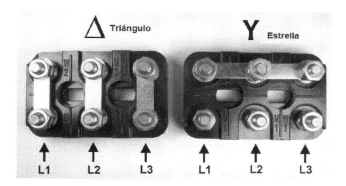

Ahora veamos los **circuitos típicos de arranque de motores en estrella-triángulo**

Arranque Estrella-Triángulo de Forma Manual

Inicialmente arrancamos el motor de forma manual (con un pulsador) en estrella.

Cuando pasa un tiempo, también de forma manual pulsamos un pulsador para que pase a triángulo.

Veamos el esquema y el funcionamiento paso a paso.

CIRCUITO DE FUERZA

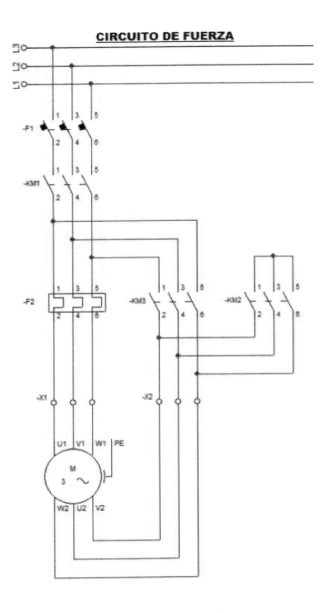

178

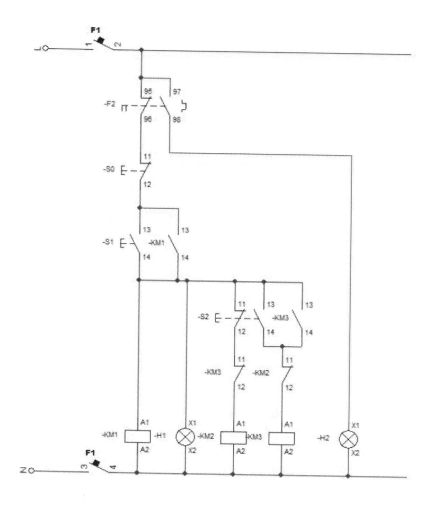

Fijándonos en el esquema de fuerza, cuando están activados KM1 y KM2 el motor está en estrella.

Cuando están activados KM1 y KM3 el motor está en triángulo.

Al pulsar S1 activamos KM1 y Km2 quedando

realimentadas por el contacto 13-14 de KM1.

Con estos dos contactores conectados, si nos fijamos en el circuito de fuerza vemos que el motor queda conectado en conexión estrella (unidos los extremos de las bobinas).

Ahora pasado un tiempo pulsamos el pulsador doble S2 (doble = un contacto abierto y otro cerrado) y se conecta KM3 quedando retroalimentado por su contacto KM3 13-14 abierto que se cierra.

Como es un pulsador doble, al pulsarlo también desconectamos KM2, contactor que hacía la conexión en estrella.

En este estado tenemos conectados KM1 y KM3 quedando el motor en conexión triángulo.

Tenemos doble protección para que nunca pueda entrar el motor en triángulo mientras esté en estrella, por un lado el pulsador doble y por otro el contacto cerrado de KM3 a la bobina KM2 y el contacto cerrado de KM2 a la bobina de KM3.

La lámpara H1 nos indica que el motor está funcionando, la H2 nos avisará si salta el relé térmico F2.

El pulsador S0 es el pulsador de paro.

Esté como esté el motor, podemos pararlo pulsando S0.

El cambio de estrella a triángulo debe realizarse una vez que el motor alcance el 70% u 80% de su velocidad nominal.

Ahora veamos como se hace de forma automática.

Arranque Estrella Triángulo de forma automática

De forma automática significa que al pulsar un pulsador de marcha se pone el motor en estrella y pasado un tiempo, regulado por un contactor-temporizador, de forma automática pasa a triángulo quedando el motor funcionando en este estado.

Veamos el esquema y su explicación paso a paso. Si no disponemos de un contactor-temporizador necesitaremos un temporizador y el esquema será el siguiente, no esté.

El circuito de fuerza es el mismo que el manual.

El que cambia es el de mando.

Fíjate que ahora hemos sustituido el pulsador doble por dos contactos del contactor temporizador a la conexión KM1.

CIRCUITO DE FUERZA

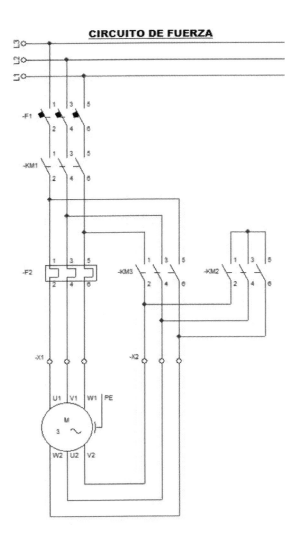

182

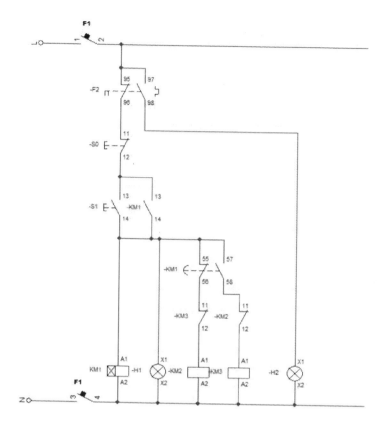

Una vez pulsado el pulsador de marcha S1 se activan el contactor temporizador KM1 y el contactor KM3 quedando en estrella las bobinas del motor.

Pasado un tiempo (el que pongamos en el temporizador) los contactos KM1 abierto (57-58) y cerrado (55-56) cambian de posición, quedando activadas las bobinas del contactor temporizador KM1 y KM2 dejando las bobinas del motor en triángulo.

183

Otro ejemplo sería el siguiente esquema:

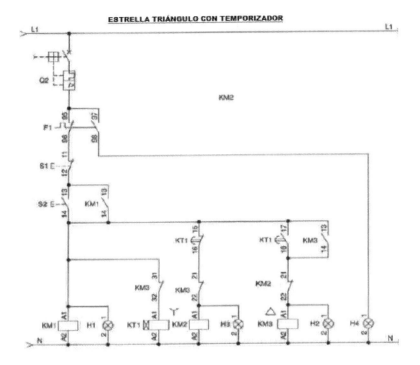

En este caso el temporizador es un elemento aparte, pero el funcionamiento es muy similar.

Fíjate que el temporizador se desconecta cuando se activa KM3 (triángulo) y queda totalmente desconectado de la red cuando funciona el motor en su estado normal de triángulo. KM1 y KM2 estarán en estrella y KM1 y KM3 en triángulo.

Arranque Estrella-Triángulo con Inversión de Giro

El motor arranca en estrella y después pasa a triángulo en sentido horario o antihorario, según las órdenes asignadas por los pulsadores.

Con S2 hacemos el estrella-triángulo en un sentido y con S3 lo hacemos en el sentido contrario.

KM1 es en un sentido y KM2 cambia el sentido (cambiamos las fases).

KM3 es en triángulo y KM4 en estrella.

ARRANQUE ESTRELLA TRIANGULO CON INVERSIÓN DE GIRO

Marcha 1

Arranque : K4 - K1 (λ)
Trabajo : K1 - K3 $(\triangle)$

Marcha 2

Arranque : K4 - K2 (λ)
Trabajo : K2 - K3 $(\triangle)$

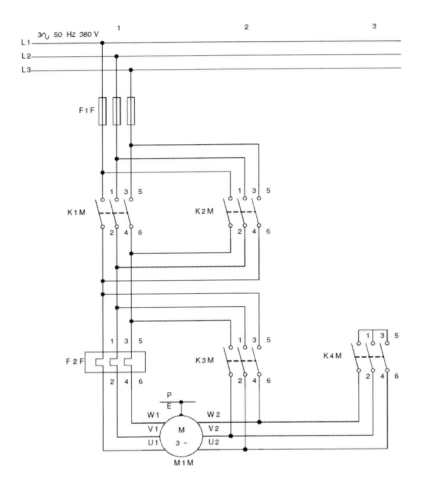

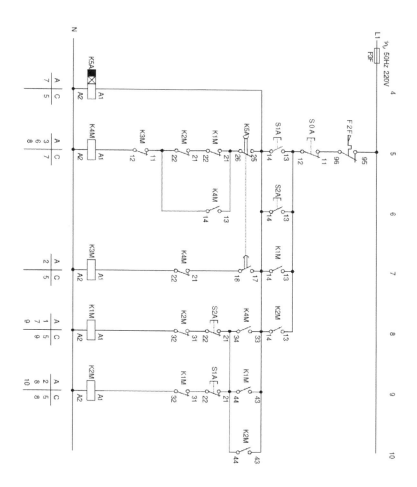

Arranque Mediante Arrancador Progresivo

En algunas ocasiones en lugar de utilizar el arranque estrella-triángulo se utilizan los arrancadores progresivos.

Los arrancadores progresivos o suaves, son dispositivos de electrónica de potencia que permiten arrancar los motores de inducción de forma progresiva y sin sacudidas, limitando así las puntas de corriente en el momento del arranque.

Los arrancadores disponen de un bloque de potencia o fuerza, a través del cual se alimenta el motor, y un bloque de mando, que permite gestionar el arranque de forma autónoma o por medio de un circuito externo.

ARRANQUE DE MOTOR MEDIANTE ARRANCADOR PROGRESIVO

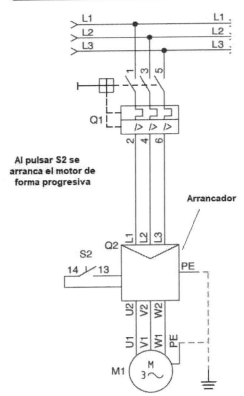

Otra posibilidad consiste en insertar un contactor (KM1) antes del arrancador progresivo, de forma que el corte y la activación del motor se pueda gestionar desde un circuito de mando externo.

Arrancador Mediante Variadores de Frecuencia

Como su nombre indica es un aparato electrónico que varía la frecuencia de la red durante el arranque, y como ya sabemos, si varió la frecuencia del motor, varía su velocidad.

En el esquema siguiente hacemos el arranque mediante un interruptor de 3 posiciones, la I, la 0 y la II.

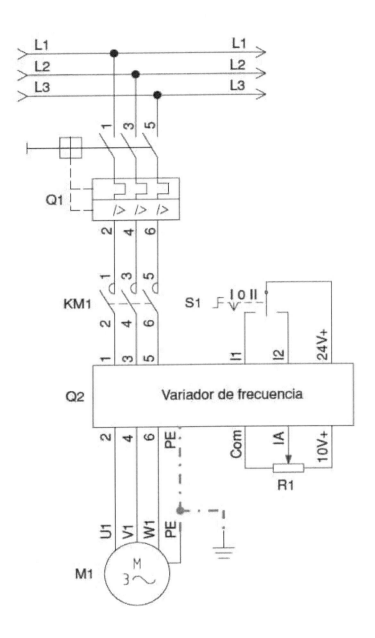

L1   L1
L2   L2
L3   L3

Q1

KM1   S1

Q2   Variador de frecuencia

I1   I2   24V+

Com   IA   10V+

R1

U1 V1 W1 PE

M1

190

Motor Dahlander de 2 Velocidades

El motor de dos velocidades tiene las mismas características constructivas que el motor normal, su diferencia está únicamente en el bobinado

Mientras en el motor normal cada bobinado corresponde a una fase, en el motor Dahlander el bobinado de una fase está dividido en dos partes iguales con una toma intermedia.

Según conectemos estas bobinas conseguiremos una velocidad más lenta o más rápida, pues en realidad lo que se consigue es variar el número de pares de polos del bobinado.

En el esquema siguiente se ha representado el circuito de fuerza de un motor trifásico de polos conmutables para dos velocidades en conexión Dahlander.

La velocidad inferior se obtiene cuando el contactor K1M está únicamente accionado.

La velocidad superior se consigue desconectando K1M y accionando en conjunto los contactores K2M y K3M.

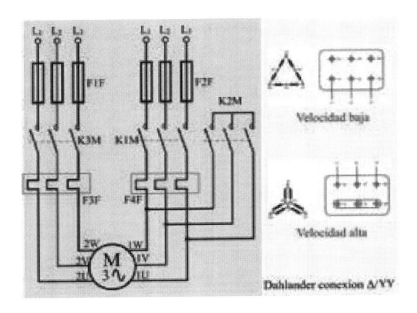

Dahlander conexion Δ/YY

Arranque Por Resistencias Estatóricas

Consiste en reducir la tensión que producen las resistencias conectadas en serie con el estator.

Al estar en serie las resistencias nuevas y las internas del motor, la tensión total se divide entre las resistencias nuevas y las del motor, quedando las resistencias internas del motor trabajando a menor tensión que la red en el arranque.

Después de 5 segundos se puentean las resistencias de arranque y el motor pasa a la condición normal de operación. Los resistores o resistencias se ajustan para conseguir una reducción del voltaje nominal (Vn) al 70%.

Este arranque se utiliza en motores de hasta 25Hp.

Vresistencias del bobinado del motor = Vf - Vresistencias nuevas en serie.

Incluso podríamos poner 2 resistencias en serie con las del motor, en la primera fase puentear unas y en la segunda puentear las dos.

El arranque se haría en 3 pasos.

Incluso en lugar de resistencias podemos poner resistencias variables e ir cambiando su valor hasta reducirlas a 0 ohmios.

ARRANQUE POR RESISTENCIAS ESTATÓRICAS

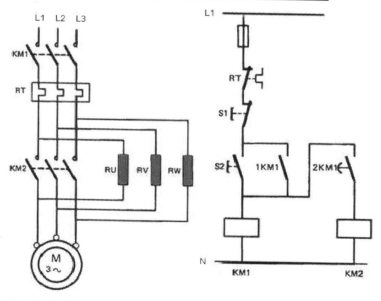

Circuito de Potencia   Circuito de Mando

CON RESISTENCIAS VARIABLES

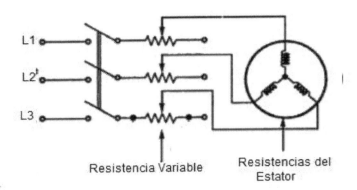

Resistencia Variable   Resistencias del Estator

Este sistema tiene el inconveniente de que se consigue disminuir la corriente en función lineal de la caída de tensión producida en las resistencias.

Sin embargo, el par queda disminuido con el cuadrado de la caída de tensión, por lo que su aplicación se ve limitada a motores en los que el momento de arranque resistente sea bajo.

La ventaja que tiene es que la eliminación de la resistencia al finalizar el arranque se lleva a cabo sin interrumpir la alimentación del motor y, por tanto, sin fenómenos transitorios.

Arranque por Autotransformador

Consiste en conectar un autotransformador trifásico en la alimentación del motor.

De esta forma se consigue reducir la tensión y con ella la corriente de arranque.

El par de arranque queda reducido en este caso en la misma proporción que la corriente, es decir, al cuadrado de la tensión reducida.

Este sistema proporciona una buena característica de arranque, aunque posee **el inconveniente de su alto precio**.

ARRANQUE POR AUTOTRANSFORMADOR

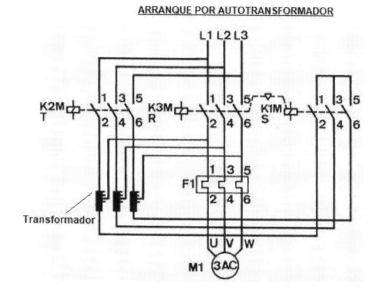

Arrancadores Electrónicos

El arrancador electrónico o suave se utiliza para el arranque de manera progresiva del motor asíncrono trifásico.

Hoy en día, gracias a las nuevas tecnologías, se han desarrollado equipos a base de semiconductores de potencia (tiristores) que son capaces de limitar y controlar en todo momento la intensidad de corriente y el par en el periodo de arranque.

Tres pares de SCR (Tiristores) en "conexión antiparalelo" son utilizados para arrancar el motor.

Se utiliza un algoritmo para controlar los disparos por medio de un microprocesador.

También hay arrancadores suaves con pantalla (display) y el acceso para programar los parámetros por botones digitales.

ARRANCADOR ELECTRÓNICO DE MOTORES

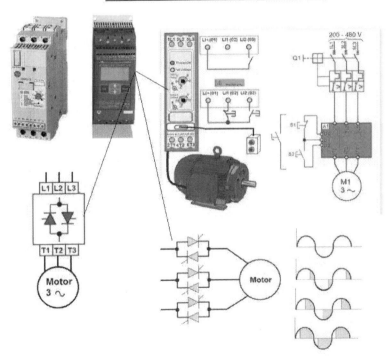

Otros Automatismos

Escalera Automática

Veamos una escalera automática con célula fotoeléctrica.

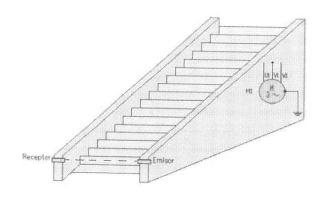

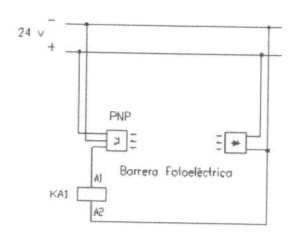

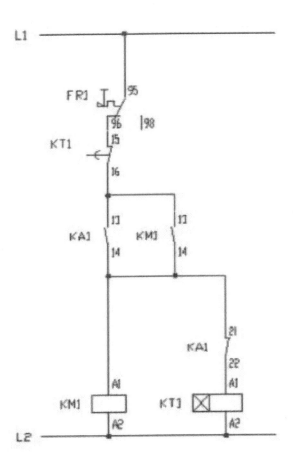

L1

FR1   95

96 |98

KT1   15

16

KA1   13   KM1   13

14   14

KA1   21

22

KM1   A1   KT1   A1

A2   A2

L2

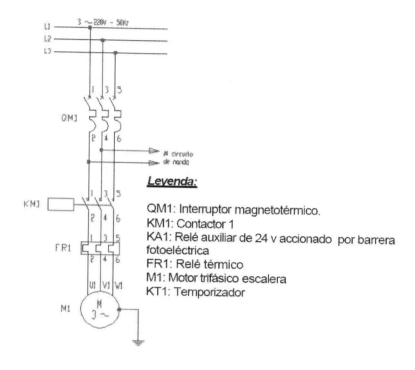

Leyenda:

QM1: Interruptor magnetotérmico.
KM1: Contactor 1
KA1: Relé auxiliar de 24 v accionado por barrera fotoeléctrica
FR1: Relé térmico
M1: Motor trifásico escalera
KT1: Temporizador

Puerta Automática de Garaje

Condiciones:

1 - Al ponerla en marcha la puerta sube hacia arriba
2 - Al llegar la puerta hasta arriba ésta se detiene durante 17 segundos
3 - Pasados los 17 segundos la puerta empieza a cerrarse hacia abajo
4 - Cuando la puerta llegue hasta abajo ésta se detendrá por completo

5 - La puerta podrá ser detenida manualmente mediante un botón de paro

Hacemos inventario y llegamos a la conclusión de que necesitaremos los siguientes materiales:

1 - Un motor
2 - Un relé F2
3 - Una botonera con dos botones S1, S2
4 - Un contactor principal KM1
5 - Un contactor secundario para la inversión de giro KM2
6 - Un contactor auxiliar para el temporizador KA1
7 - Un temporizador neumático al trabajo KA1t
8 - Dos finales de carrera FC1, FC2
9 - Luces de señalización HR, HV, HN y HA

Hemos utilizado el contactor KM1 para que la puerta suba hacia arriba y gracias a la inversión de giro realizada en el motor colocamos KM2 para que la puerta se deslice hacia abajo.

Al pulsar el botón de marcha S2, le llega un pulso directo de tensión a la bobina de KM1, esto hace que su contacto 13-14 se cierre y el motor comience a girar subiendo la puerta.

Cuando la puerta llega hasta tope, pisa con ello el final de carrera FC1 lo que hará que su contacto cerrado se abra dejando fuera de servicio el motor y al mismo tiempo el contacto abierto de FC1 se cierre enviando un pulso de tensión a la bobina del contactor auxiliar KA1.

Esto pone en marcha el temporizador y una vez expirados los 17 segundos, el contacto abierto de

KA1 se cierra enviando un pulso de tensión a KM2 y cerrando el contacto abierto 13-14 de dicho contactor.

En ese momento la puerta comienza a bajar.

Una vez que la puerta se cierra por completo, ésta pisa el final de carrera dos FC2, lo que hará que su contacto cerrado se abra y con ello desconecte el motor.

En las páginas siguientes puedes ver el esquema de mando y el de fuerza

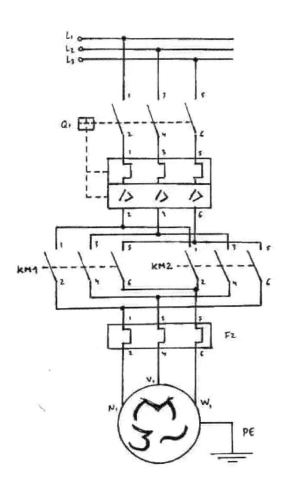

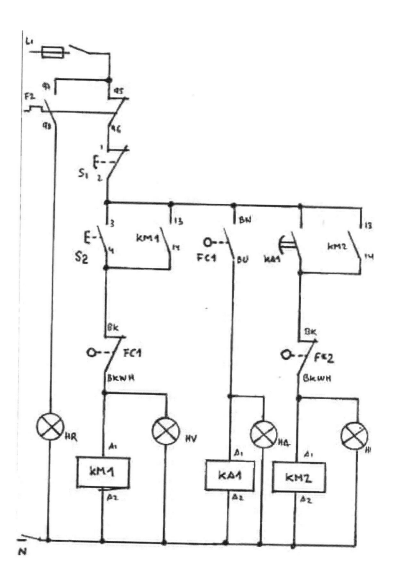

Automatismo Para Control de un Semáforo

Este circuito es el necesario para poner en funcionamiento un semáforo.

El tiempo de encendido de los discos se regulará mediante los temporizadores.

El funcionamiento será de manera indefinida (ciclo continuo).

Se enciende con un pulsador (S1) y se detiene con un pulsador (S2).

La secuencia es la siguiente:

Verde 20 segundos.
Amarillo 5 segundos.
Rojo 10 segundos.

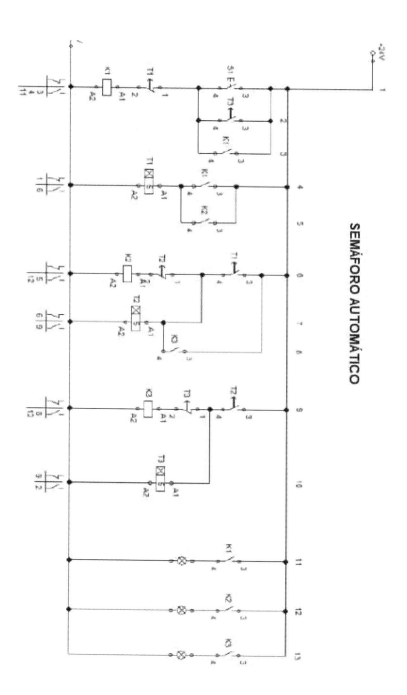

SEMÁFORO AUTOMÁTICO

205

Cuadros Eléctricos

Los cuadros eléctricos se utilizan generalmente para alojar los elementos de maniobra y protección necesarios para el funcionamiento de la máquina/s del automatismo.

Dentro de ellos colocaremos elementos tales como magnetotérmicos, contactores, relés, sensores, cableado, aparatos de medida, luces de aviso, etc.

Un cuadro eléctrico reúne varias funciones según el uso y lugar de la instalación.

Podríamos decir que principalmente cumplen 2 misiones principales; **evitar que las personas accedan a partes con tensión y proteger la aparamenta eléctrica de las influencias externas como el polvo, el agua y los golpes**.

Pero además de estas 2 misiones principales, también ha de **facilitar el mantenimiento** de los componentes y por tanto de la instalación, debiéndose poder desmontar las tapas fácilmente a la vez que ofrecer la protección mínima necesaria para que cualquier usuario no tenga acceso a las partes metálicas en tensión y por tanto evitar contactos directos.

Recordar también que **el tamaño ha de ser el adecuado al número de elementos** que se desee instalar, para efectuar las conexiones adecuadamente, correcta señalización de los cuadros, ventilación, etc., entre otros factores.

Tipos de Cuadros Eléctricos

Hay muchas clasificaciones, por ejemplo si es de baja o alta tensión, si son de plástico o metálicos, de exterior o interior, móvil o fijo, etc.

Aquí te dejamos una clasificación dependiendo del tipo de caja del cuadro:

- **Mono modulares**: una sola unidad funcional sin posibilidades de expansión.

- **Multi modulares**: Tienen como principal característica las posibilidades de ampliación y acoplamiento con otros módulos del mismo tipo.

- **Cuadros enchufables**: Son aquellos que utilizan unidades funcionales extraíbles.

Estas pueden ser conectadas y desconectadas con facilidad del cuadro principal, incluso con tensión.

Se utilizan en sectores que necesitarán la reposición inmediata de sus elementos para continuar en servicio.

La integración, en el conjunto, se realiza de forma directa presionando la parte enchufable sobre el hueco del armario.

No son muy habituales, dado el coste que tienen,

Partes de un Cuadro Eléctrico

- **La caja o envolvente**: su función es servir de soporte y proteger mecánicamente los elementos que contiene en su interior.

- **Las puertas**: que sirven para cerrar el armario, evitando el acceso de personas no autorizadas a los aparatos eléctricos del interior.

La existencia de elementos de indicación óptica internos, pilotos, aparatos de medida, lámparas, etc., exige utilizar puertas de tipo transparente.

En el interior de la caja tenemos:

- **Las tapas**: que tienen como misión ocultar las conexiones eléctricas del interior y dejar al descubierto los elementos de acción, para que el operario pueda maniobrar sobre ellos.

Pueden ser de material plástico o metálicas.

- **El chasis**: es la parte metálica de los cuadros donde se fijan los aparatos eléctricos.

Puede ser fijo o extraíble, siendo este último el que más flexibilidad aporta a los trabajos de montaje, permitiendo realizar los trabajos eléctricos de forma independiente a los relacionados con su fijación mural.

- **Perfiles o carriles**: un perfil es una pletina doblada que se utiliza para la fijación de elementos en cuadros eléctricos.

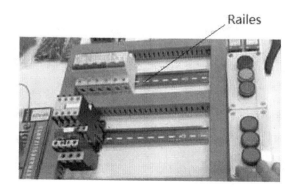

Se fija en el fondo del armario, o en el chasis, con remaches, tornillos o piezas especiales.

La gama de aparatos que pueden ser situados sobre perfil es muy amplia: interruptores de protección, de maniobra, aparatos de medida, regletas, etc.

- **Placas pasacables**: están situadas en la parte superior e inferior del cuadro, permiten adaptar fácilmente la entrada de tubos y canaletas de diferentes tamaños.

Estas pueden ser extraíbles permitiendo su mecanizado fuera del cuadro.

- **Precintos**: se utilizan para el sellado de tapas y puertas cuando es necesario restringir el acceso al interior del cuadro.

El precintado se realiza en los tornillos que sujetan las tapas o en las esquinas opuestas de las puertas.

Además a todas las puertas se les puede acoplar una cerradura.

- **Obturadores**: los obturadores son elementos que permiten tapar los huecos libres de la tapa, una vez que se han instalado todos los aparatos eléctricos en su interior.

Obturadores

De esta forma no solo se consigue un buen efecto estético, sino que se evita la introducción de objetos y polvo aumentando el grado de protección IP.

Niveles de Protección

Hay agentes externos que pueden dañar los equipos de los automatismos como el polvo, el agua, los impactos o choques y que son perjudiciales para las envolventes de los cuadros y canalizaciones eléctricas, y en general otros tipos de elementos eléctricos.

Por este motivo es necesario proporcionar cierto grado de protección mínimo según el lugar de instalación.

Hay 2 códigos internacionales que permiten identificar los niveles de protección de los cuadros eléctricos, el IP y el IK.

Grado de Protección IP

El código de protección IP (International Protection) está unificado internacionalmente y sirve para la descripción de los grados de protección de las envolventes contra la penetración de cuerpos sólidos y la entrada peligrosa de líquidos.

Para denominar el índice de protección IP, se determina por las letras IP seguidas de dos números.

El **primer número** indica simultáneamente el **tamaño de entrada de cuerpos extraños** y una protección de las personas contra el acceso a partes peligrosas.

Podríamos decir que nos indica la protección frente a intrusiones en el cuadro.

Este número va **de O a 6**, **cuanto mayor es su valor, mayor es la protección** contra cuerpos sólidos extraños de menor tamaño, hasta el máximo de 6 en la que está totalmente protegida la envolvente contra sólidos.

0 sin protección

1 Protegido contra la entrada de sólidos hasta 50 mm.

2 Protegido contra la entrada de elementos sólidos de hasta 12,5 mm.

3 Protegido contra la entrada de sólidos hasta 2,5 mm.

4 Protegido contra la entrada de sólidos hasta 1 mm.

5 Protegido contra la entrada de polvo (la cantidad que entra no interfiere en el funcionamiento del aparato).

6 Completamente protegido contra la entrada de polvo.

El segundo número indica el grado de protección de las envolventes de los equipos eléctricos contra los efectos perjudiciales de la **penetración del agua**.

Este segundo número va **de O a 8** indica que no tiene protección (O), caída de agua en forma vertical y lluvia fina (1 a 3), proyecciones y chorros de agua (4 a 6) e inmersiones (7 y 8).

0 sin protección

1 No debe entrar agua cuando se deja caer, desde una altura de 200 mm desde el dispositivo, durante 10 minutos (a razón de 3-5 mm^3 por minuto).

2 No debe entrar agua cuando se cae, durante 10 minutos (a razón de 3-5 mm^3 por minuto).

Esta prueba se realizará 4 veces a razón de una por cada 15° de rotación tanto en vertical como en horizontal, comenzando cada vez desde la posición normal.

3 El agua nebulizada no debe entrar en un ángulo de hasta 60° a la derecha e izquierda de la vertical a una media de 11 litros por minuto ya una presión de 800-100 kN/m2 durante un tiempo no inferior a 5 minutos.

4 No debe entrar agua arrojada desde cualquier ángulo a una media de 10 litros por minuto y una presión de 800-100 kN/m2 durante un tiempo no inferior a 5 minutos.

5 No debe entrar agua lanzada por chorro (desde cualquier ángulo) a través de una boquilla de 6,3 mm de diámetro, a una media de 12,5 litros por minuto y una presión de 30 kN/m2 durante un tiempo no inferior a 3 minutos y a una distancia no inferior a 3 minutos. menos de 3 metros.

6 No debe entrar al agua a chorro (desde cualquier ángulo) a través de una boquilla de 12,5 mm de diámetro, a un promedio de 100 litros por minuto y una presión de 100 kN/m2 por un tiempo no menor a 3 minutos a una distancia no menor de 3 metros.

7 El dispositivo debe soportar sin ningún tipo de filtración la inmersión total en 1 metro durante 30 minutos.

8 El dispositivo debe soportar sin filtración ninguna inmersión total y continua hasta la profundidad y durante el tiempo especificado por el fabricante del producto de acuerdo con el cliente, pero siempre que las condiciones sean más severas que las especificadas para el valor 7.

Dentro de esta protección nos podemos encontrar con las letras **SK** que indica que está protegido contra de chorros de corto alcance a alta presión y de alta temperatura.

En algunos casos **podemos ver letras que acompañan a los valores IP**.

Estas se emplean para añadir información extra sobre el dispositivo y su nivel de protección.

B`: protegido contra acceso con el dedo u objetos análogos
D: Cable
f: Contra aceite
H: Dispositivo de alto voltaje
M: Dispositivo en movimiento durante la prueba
S: Dispositivo inmóvil durante la prueba
W:Protección a la intemperie.

La aparamenta eléctrica a instalar en cuadros eléctricos como son interruptores automáticos, diferenciales, etc., en el interior de envolventes, deberá ser de un grado IP 20 como mínimo.

Se recomienda una envolvente que cumpla el grado de protección IP 40 en interiores y IP 43 en exteriores, como mínimo.

Grado de protección IK

Al igual que la protección IP, este código se rige por un estándar internacional (IEC 62262), para que puedas realizar comparaciones entre diferentes cuadros.

En este caso, este grado indica la resistencia mecánica a impactos nocivos y que pueden dañar el cuadro.

El grado IK varía de 0 (resistencia mínima) a 10 (resistencia máxima).

IP e IK para Cuadros Eléctricos

Para cuadros de interior tipo cerrados, el IP ha de ser como mínimo igual o superior a IP2X con el cuadro en funcionamiento.

X = cualquier letra o número.

Si el cuadro es de exterior sin protección adicional, el grado de protección ha de ser **como mínimo IPX3**.

Su **parte frontal y trasera tiene que ser como mínimo IPXXB**, para evitar que cualquier usuario pueda introducir los dedos en ellas.

Por este motivo, es obligatorio el uso de obturadores en los huecos que puedan quedar en las tapas.

Pasos Para el Montaje de un Cuadro Eléctrico

-. Montar el chasis.

-. Realizar el montaje de la canalización, que va a ser ocupada por el cableado de los aparatos.

-. Fijar los perfiles y soportes, para colocar los aparatos y las bornas.

-. Colocar los aparatos y siguiendo el mismo orden, que viene en el Plano Eléctrico y/o Esquema Eléctrico.

-. Realizar los troquelados de las puertas y placas, donde se vayan a colocar aparatos de medida, ventiladores, rejillas, y elementos de maniobra, etc.

-. Comprobar que no falta ningún elemento de la Lista de Materiales de la oferta, para la terminación del cuadro.

- Realizar la conexión del cableado siguiendo el esquema eléctrico.

Mejor con el cuadro en horizontal y colocando el cuadro en un una posición cómoda para el técnico.

- Poner todos los obturadores y placas pasacables que se necesiten.

- Colocar la tapa del cuadro.

- Conectar y comprobar el funcionamiento correcto del cuadro.

El Lenguaje de Contactos

El lenguaje **ladder**, Lenguaje **KOP**, diagrama ladder, diagrama **de contactos**, diagrama de relés, o diagrama en escalera, **es una forma de representación gráfica de circuitos eléctricos** que se asemeja mucho al esquema eléctrico de la lógica cableada (el de siempre).

Nosotros le llamaremos lenguaje de contactos o Ladder en ese libro, aunque ya ves que tiene muchos nombres diferentes, pero todos son lo mismo.

Nota: la abreviatura que se utiliza para este tipo de

lenguaje ladder es **LD o KOP**.

Es un **lenguaje de programación gráfico y muy popular dentro de los autómatas programables** debido a que está basado en los esquemas eléctricos de control clásicos, como los que vimos hasta ahora también llamados de lógica cableada.

De este modo, con los conocimientos que todo técnico o ingeniero eléctrico posee, es muy fácil adaptarse a la programación de los autómatas mediante este tipo de lenguaje.

Conocer **el lenguaje Ladder es lo primero** que debemos hacer si queremos **aprender automatismos de lógica programada**.

Del Esquema Eléctrico al Lenguaje Ladder

De forma general, podemos decir que este tipo de representación gráfica de circuitos está compuesta por **contactos que actúan sobre una o varias salidas llamadas bobinas**.

Los esquemas eléctricos de lógica cableada, es decir los clásicos de toda la vida, se leen de arriba a abajo, **pero el diagrama ladder o de contactos se lee de izquierda a derecha**.

Los pulsadores se representan como contactos.

Las bobinas de los relés o contactores se representan como las salidas.

Fíjate en la siguiente imagen:

DEL ESQUEMA ELÉCTRICO AL LADDER

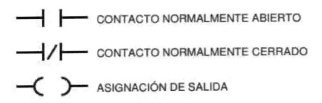

CONTACTO NORMALMENTE ABIERTO

CONTACTO NORMALMENTE CERRADO

ASIGNACIÓN DE SALIDA

Las Columnas Se Convierten en Filas

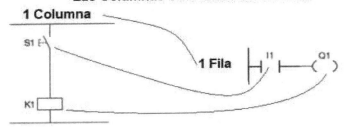

Cada Columna es una Fila en el Esquema Ladder

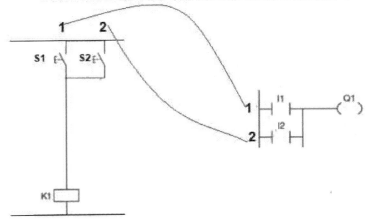

Podemos representar el pulsador S1 mediante una entrada que llamaremos I1.

La bobina del contactor K1, la llamaremos salida y se representará mediante el símbolo de la bobina Q1.

En el primer esquema al activar el contacto I1 (del PLC) se activa la bobina Q1 (la del contactor).

Es equivalente a que al pulsar S1 se activa K1 en el esquema de lógica cableada o convencional.

Cada columna del esquema eléctrico convencional, a la hora de pasarla al esquema en ladder (LD), se hace mediante una fila.

Las filas se llaman **Líneas de Instrucciones**.

El esquema LD se lee de izquierda a derecha, por ejemplo como ya vimos, en el primer esquema leeremos que al activarse el contacto I1, se activa la salida o bobina Q1.

El segundo esquema se leería la primera fila, es decir, al activarse I1 se activa Q1, pero además al activarse I2 también se activa Q1.

Siempre que esté cualquiera de los dos contactos activados, la salida Q1 estará activada.

Esto representaría la función OR o el circuito de 2 pulsadores en paralelo.

OJO hablamos siempre de pulsadores, no de interruptores.

Este tipo de diagrama se utiliza para los autómatas programables y PLCs, por eso las entradas se nombran como I1, I2.... ya que es así como se llaman las entradas en los autómatas.

Lo mismo sucede con las salidas, las salidas en los PLC se llaman Q1, Q2, Q3....

Un contacto abierto I1 quiere decir que está asociado a la entrada I1 del autómata.

Símbolos en Lenguaje Ladder

Pero ahora veamos todos los símbolos que utilizaremos para generar nuestros esquemas en lenguaje de contactos:

SÍMBOLOS PARA DIAGRAMAS LADDER O DE CONTACTOS

I1 ┤ ├	Contacto Normalmente Abierto Asociado a la Entrada I1 de un Autómata Programable.
I2 ┤ / ├	Contacto Normalmente Cerrado Asociado a la Entrada I2 de un Atómata Programable
Q1 ┤ ├	Contacto Abierto Asociado a la Salida Q1 de un Atómata Programable
Q3 ┤ / ├	Contacto Cerrado Asociado a la Salida Q3 de un Atómata Programable
T1 ┤ / ├	Contacto Cerrado Asociado al Temporizador T1

Q1 —( )	Salida (Bobina) Directa Q1. Está sin activar hasta que le llega corriente y se activa.
Q2 —(/)	Salida Inversa. Está Activada normalmente, se desactiva cuando le llega una señal eléctrica.
Q5 —(S)	Bobina de Activación (SET). Una vez que la bobina se activa, permanece activa aunque el circuito se abra.
Q2 —(R)	Bobina de DesActivación (RESET). Al cerrase el circuito, la bobina se desactiva, permaneciendo en este estado aunque se varíe su entrada.

Los contactos normalmente abiertos y cerrados se representan igual para representar pulsadores o simples contactos que para representar un contacto de un temporizador, relé o cualquier otro sensor, la única diferencia es la letra que va escrita por encima del símbolo.

Si es un Q1 el contacto lo abre o lo cierra la activación de la bobina o salida Q1

Si es un T1 el contacto lo abre o lo cierra la activación de la bobina o salida T1

Hay 2 bobinas o salidas especiales muy usadas en los automatismos, son la SET y la RESET.

La bobina SET es una bobina que de enclavamiento, es decir, cuando le llega corriente eléctrica se queda activada, pero al soltar el pulsador o abrirse el contacto que la activa, en lugar de desactivarse permanece activa (enclavada).

Podríamos decir que es una bobina con memoria.

La bobina RESET lo que hace es que al llegar la

corriente en lugar de activarse se desactiva.

Se utiliza para resetear los circuitos o parte de ellos, es decir para apagar y dejar los circuitos como estaban al principio, en estado de reposo.

Contacto NOT

Hay un tipo de contacto, más bien de operador lógico, que se llama NOT.

Lo que hace este "contacto" es invertir todo lo que le llega de antes en el circuito.

NO es muy utilizado, pero aquí tienes un par de ejemplos:

CONTACTO NOT

I1	I2	Q1
0	0	1
0	1	1
1	0	1
1	1	0

$Q1 = \overline{I1 \cdot I2}$

Ecuación lógica.

Tabla de la verdad.
(Puerta NAND)

I1	I2	Q1
0	0	1
0	1	0
1	0	0
1	1	0

$Q1 = \overline{I1 + I2}$

Ecuación lógica

Tabla de la verdad
(Puerto NOR)

224

En el primer caso, para que la Q1 esté activada tendrían que estar activados I1 e I2, pero como hay una Not detrás de ellos, cuando no están activados es cuando se activa Q1.

Es equivalente el electrónica digital a la puerto lógica NAND.

Para saber más puedes visitar: Electrónica digital.

Enclavamiento o Realimentación

Mediante estas bobinas SET y RESET podríamos hacer el esquema de **enclavamiento o realimentación** que te recordamos en la siguiente imagen:

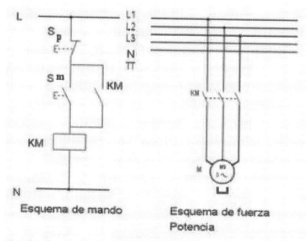

ESQUEMA LOGICA CABLEADA

Esquema de mando   Esquema de fuerza
                          Potencia

Mando de un motor mediante pulsadores de marcha y paro

REALIMENTACIÓN ESQUEMA CONTACTOS

Mediante Contactos

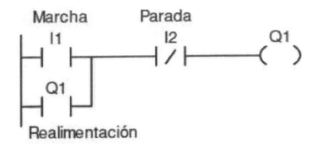

Mediante Bobinas SET y RESET

Necesitamos un propio contacto abierto del contactor Km, en paralelo con "Sm", para que el motor siga funcionando cuando pulsamos Sm (pulsador de marcha).

Pero ahora solo con una bobina SET y un contacto abierto (el pulsador) ya tenemos el mismo circuito.

Al cerrar el contacto abierto la bobina se activa, pero al cerrarlo la bobina sigue activada.

En el esquema de lógica cableada cuando pulsamos Sp (pulsador de paro) se desactiva la bobina y el motor se para.

En Ladder para hacer el paro necesitamos una bobina RESET que desactive la salida.

Recuerda que la bobina RESET lo que hace es que al llegar la corriente en lugar de activarse se desactiva.

Las Marcas Internas

También hay otro tipo de salida llamadas marcas, que sería muy **similar a los contactos auxiliares** que utilizamos en los esquemas eléctricos convencionales o lógica cableada.

Cuando la marca M10 está desactivada y la marca

M2 activa mediante el contacto I2, entonces solo en ese caso la salida Q1 estará activada.

Realmente trabajan como salidas normales, la única diferencia es la forma de nombrarlas y que suelen representar a relés auxiliares en los esquemas de lógica cableada, por lo demás igual.

Trabajo por Flancos

En ocasiones la forma de trabajar, es decir activar o desactivar las entradas es por flancos.

Los flancos son simplemente señales digitales, un 0 o un 1.

Flanco positivo significa que la señal pasa de 0 a 1.

Flanco negativo significa que la señal pasa de estado 1 a 0.

ACTIVACIÓN POR FLANCOS

─┤ P ├─ Contacto Abierto que se activa por flanco positivo

─┤ N ├─ Contacto Abierto que se activa por flanco negativo

Podrían ser contactos normalmente cerrados.

Fíjate los siguientes circuitos y su diagrama de estado:

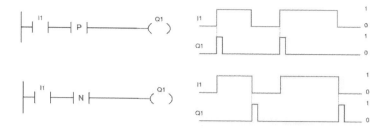

El Temporizador

Los temporizadores y los contadores que luego veremos, son las llamadas funciones especiales.

Estas funciones o bloques de funciones especiales se representan con un rectángulo en cuyo interior se representan las diferentes funciones que pueden realizar.

El temporizador es un bloque que realiza una función al cabo de un tiempo determinado.

Por ejemplo, cuando pasen 15 segundos que se cierre un contacto abierto.

Los temporizadores tienen contactos abiertos y cerrados asociados a él, cuando se activa el temporizador y pasa el tiempo establecido, los contactos cerrados asociados a él se abren y los abiertos se cierran.

El símbolo usado es el siguiente:

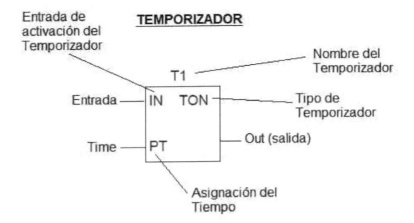

El temporizador puede no tener salida, solo cambiarían los contactos asignados a el de posición al cabo del tiempo establecido.

En un temporizador a la conexión (**TON**), el proceso de la cuenta del tiempo empieza nada más se detecta la señal en la entrada.

En un temporizador a la desconexión (**TOF**), el proceso de la cuenta del tiempo empieza cuando el temporizador deja de detectar la señal a la entrada.

En ambos casos se debe fijar el tiempo de operación.

En ocasiones también podrás ver que los temporizadores se dibujan en el esquema de contactos de la siguiente forma simplificada:

En este caso mediante I1 se activa el temporizador T1, y al cabo del tiempo establecido en el temporizador T1 se cierra su contacto T1 y se activa la bobina Q1.

El problema aquí es que en el esquema no especificamos el tiempo de activación o el tipo de temporizador.

Lo más correcto es como vemos a continuación:

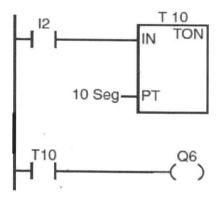

Los Contadores

Son bloques que realizan una función, por ejemplo abrir o cerrar un contacto del propio contador, cuando transcurre un número de sucesos.

Suceso puede ser cuando le llegue corriente 3 veces a la entrada.

El contador cada vez que le llega corriente a la

entrada cuenta 1 vez más, y al llegar a 3 el contacto asignado al contador, si es cerrado se abre y si es abierto se cierra.

Los contadores pueden contar al revés, es decir, ir descontando.

El contador es muy útil donde se deba memorizar sucesos que no tengan que ver con el tiempo pero que se necesiten realizar un determinado número de veces.

El símbolo es el siguiente:

EL CONTADOR

CU = cada vez que le llega una señal a esta puerta el contadfor cuenta 1.

CD = cada vez que le llega una señal a esta puerta el contador resta 1.

R = el contador se pone a 0 este en el número que esté.

PV = es el valor al que tiene que llegar el contador para abrir o cerrar sus contactos.

Veamos un ejemplo:

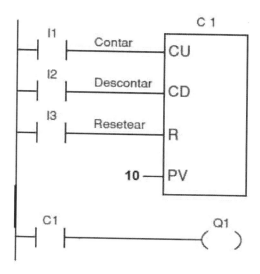

Al activar I1 el contador cuenta 1 más del número que tenía y se guarda en la memoria.

Si nunca se había activado, entonces se pone a 1 la primera vez que le llega señal.

Al activar I2 el contador resta 1 al número que tenga guardado en la memoria.

Al activar I3 se pone a 0

El número que tiene que alcanzar en total es 15.

Cuando alcanza 15 los contactos cerrados de C1 se abren y los abiertos se cierran.

En este caso se cierra C1 y se activa la bobina Q1.

233

Ejemplos de Automatismos en Lenguaje de Contactos

El Limpiaparabrisas

Al desactivar el limpiaparabrisas de un automóvil en un día lluvioso, éste no se puede detener de inmediato en medio del cristal estorbando la visión, hay que esperar a que acabe su recorrido y se sitúe en la posición horizontal de reposo.

El montaje consta de los siguientes elementos:

Un interruptor NA conectado a la entrada I1 activará el limpiaparabrisas.

Un motor que hace girar la escobilla conectado a la salida Q1 (para simplificar se supondrá que el motor gira en un solo sentido)

Y un final de carrera que detecta la llegada a la posición horizontal conectado a la entrada I2.

Se desea que el funcionamiento sea tal que al desactivar el interruptor no detenga el limpiaparabrisas hasta que llegue a la posición horizontal.

Elementos del Circuito

I1	Interruptor activación limpiaparabrisas
I2	Final carrera posición horizontal

Q1	Motor giro limpiaparabrisas

Esquema Limpiaparabrisas

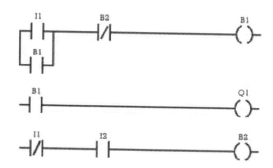

Al activarse I1 se activa la bobina B1

La realimentación de B1 se hace mediante el contacto B1 de la primera línea en paralelo con I1.

El contacto B1 de la segunda línea se cierra y se activa Q1, es decir arranca el motor del parabrisas.

Si ahora desactivamos I1, no se para el limpiaparabrisas porque **necesita 2 condiciones para pararse**:

- Que se I1 esté desactivado (I1=0)

- Que la I2 esté activado (I2=1), o lo que es lo mismo

que el final de carrera esté activado porque la escobilla está en posición horizontal.

Estas condiciones son las de la tercera línea.

Encendido de bombillas

Se dispone de 3 pulsadores conectados a las entradas I1, I2 e I3 de un autómata y 3 bombillas conectadas a las salidas Q1, Q2 y Q3.

Se desea que al activar el pulsador 1 se encienda la bombilla 1 y se apague la 3, al pulsar el 2 se encienda la 2 y se apague la 1 y así sucesivamente.

Se supone que los pulsadores se activarán en orden (1,2,3,1...).

Tenemos 2 posibles soluciones (probablemente se pueda incluso hacer de más formas diferentes)

Soluciones:

Solución A

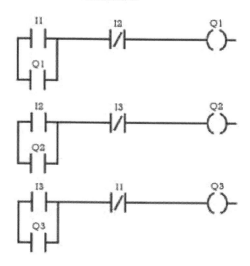

Solución B

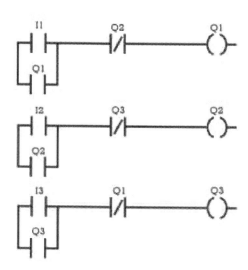

237

¿Cómo sería el esquema si se desea encender las bombillas en cualquier orden y que no haya dos encendidas simultáneamente?

Solución:

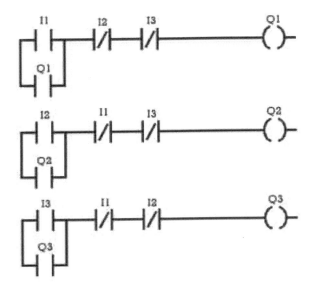

En este caso no se puede utilizar el contacto de salida pues una vez encendida una bombilla impediría que se pudiese encender cualquiera de las otras dos.

¿Qué se debería hacer para apagar las tres bombillas?

Presionando los tres pulsadores simultáneamente se apagarían las tres bombillas.

Control de Llenado de un Depósito de Agua

Se desea controlar automáticamente el vaciado de un depósito en función del estado de un conjunto de detectores de nivel.

El sistema consta de una bomba que extraerá el agua del depósito activada por la salida Q1 y de tres detectores de nivel conectados a las entradas I1, I2 e I3.

El primer detector I1 corresponde al nivel superior e indica que el depósito está casi lleno, el segundo I2 indica un nivel de agua intermedio y el tercero I3 indica que el depósito está casi vacío.

Los tres sensores actúan del mismo modo, son normalmente abiertos, es decir se activan si el agua llega a su altura y se ponen a cero si el agua está por debajo.

Por último se dispone de un interruptor conectado a la entrada I10 para indicar al sistema si se desea vaciar el depósito del todo (I10=1) o solo hasta la mitad (I10=0).

La bomba se debe poner en marcha cuando el agua llegue al primer detector y seguir en funcionamiento hasta que el nivel se encuentre por debajo del segundo o del tercer detector en función de la posición del interruptor.

El cuadro resumen de las entradas y salidas a utilizar y de los dispositivos conectados a ellas es el siguiente:

I1	Detector de nivel superior (NA)
I2	Detector de nivel intermedio (NA)
I3	Detector de nivel inferior (NA)
I10	Interruptor: 0 vaciar medio; 1 vaciar completo

Q1	Bomba de extracción

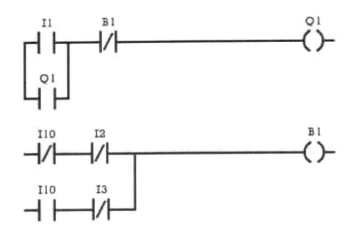

Es simplemente un circuito marcha-paro activado por el detector que indica que el depósito está lleno

Eso sí, existen dos situaciones distintas en las que se debe detener la bomba.

Por este motivo se ponen ambas condiciones en paralelo ya que cualquiera de ellas puede parar la bomba.

En el momento en que se verifique una de las dos circunstancias se activará B1 que a su vez desactiva la salida Q1.

Arranque de un Motor Directo con Encendido Temporizado

Aquí puedes ver los esquemas de Fuerza y de mando en lógica cableada y después el equivalente en lenguaje de contactos.

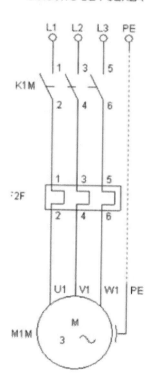

Arranque Directo con Encendido Temporizado

CIRCUITO DE FUERZA

CIRCUITO DE MANDO

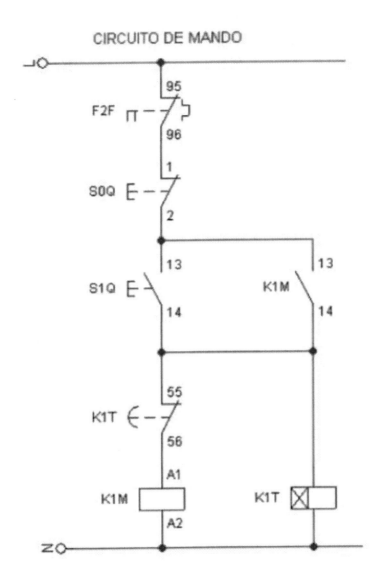

ESQUEMA EN LENGUAJE DE CONTACTOS

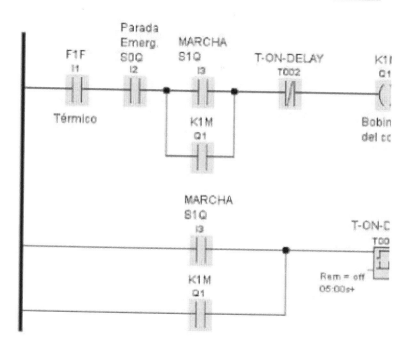

Portón de Garaje

Queremos controlar el portón de acceso a un garaje que se cierra automáticamente al apretar un pulsador conectado a la entrada I1 de un autómata.

El sistema cuenta con un detector magnético de proximidad conectado a la entrada I2, que se activa cuando la puerta está totalmente cerrada.

El motor eléctrico que mueve el portón está conectado a la salida Q1.

Se desea que al apretar el pulsador se inicie el abatimiento del portón hasta detectar que se encuentra totalmente cerrado, pero que en caso de que este proceso no se complete en 6 segundos se detenga de inmediato el motor, pues esta circunstancia indicará que algún obstáculo ha impedido un cierre correcto.

Solución:

Estamos ante un típico problema de marcha-paro solo que en este caso habrá que forzar el paro del motor si transcurren más de 6 segundos desde el comienzo de la maniobra.

Al iniciar el cierre habrá que disparar también un temporizador para generar ese intervalo de seguridad.

Solución en la página siguiente.

CONTROL PORTÓN DE GARAJE

Elementos del Circuito

I1	Pulsador de cierre del portón (NA)
I2	Detector magnético portón cerrado (NA)

Q1	Motor de cierre del portón

Esquema:

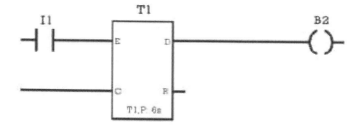

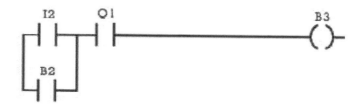

El motor se detendrá tanto si se activa I2 que indica que el portón ya se ha cerrado como si se activa B2 que indica que han transcurrido más de 6 segundos desde que se inició la maniobra.

En cualquier caso B2 se activará al cabo de los 6 segundos aunque el motor se haya detenido previamente por la acción de I2, pero eso no supone ningún problema pues simplemente confirma la orden de paro.

En la última línea se ha introducido Q1 para que B3 no quede permanentemente activado lo cual impediría reiniciar el proceso.

Al redactar así el programa, una vez retirado el obstáculo que haya impedido el cierre, se puede volver a pulsar I1 para completar la maniobra.

Nota:

En muchas ocasiones es necesario detener por seguridad un sistema si transcurrido cierto tiempo no se ha obtenido un resultado determinado ya que esto indica que algo no funciona correctamente.

Podría ser un motor que no alcanza unas determinadas revoluciones porque algo lo frena y corre el peligro de quemarse, una bomba que no consigue hacer circular el fluido porque la toma se encuentra obstruida o una caldera que no alcanza una temperatura determinada porque tiene una fuga.

En todos estos casos podemos utilizar como base el esquema anterior del portón.

Puerta Automática

Cuando una persona se acerca a la puerta, ésta debe abrirse automáticamente.

La puerta debe permanecer abierta hasta que no haya nadie en su camino.

Cuando no hay nadie en el camino de la puerta, esta debe de cerrarse automáticamente después de un breve periodo de tiempo (10 segundos).

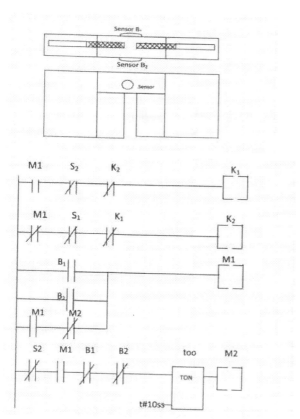

¿Qué Hace el Diagrama?

Pues eso, explica que hace cuando pulsamos el botón STAR

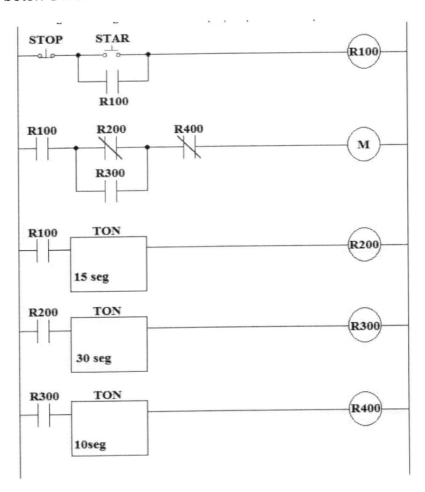

Solución:

Al presionar STAR se activa R100 y sus contactos, inmediatamente M se activa, simultáneamente se activa el bloque de temporización TON de 15 segundos (línea 3).

Transcurridos los 15 segundos se activa R200 y sus contactos desactivando M, inmediatamente se activa el temporizador TON de 30 segundos.

Transcurridos los 30 segundos se activa R300 y sus contactos, lo que activa nuevamente a M, al mismo tiempo se activa el temporizador de 10 segundos.

Transcurridos estos 10 segundos se activa R400 y sus contactos, desactivando M.

Al presionar STOP se desactiva R100, si se presiona STOP mientras este activo M este se desactiva inmediatamente.

Encendido y Apagado de Lámpara

Escribe el esquema para hacer que una lámpara "LAMP" se encienda al presionar un pulsador "INICIO", la lámpara debe encenderse durante 10 segundos.

Luego debe permanecer apagada durante 10 segundos más y luego quedarse encendida hasta que se presione un pulsador "PARE" que la apagará transcurrido un tiempo de retardo de 10 segundos.

Dibuja también el diagrama de tiempos.

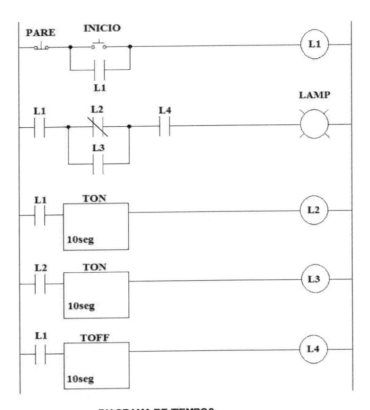

DIAGRAMA DE TIEMPOS

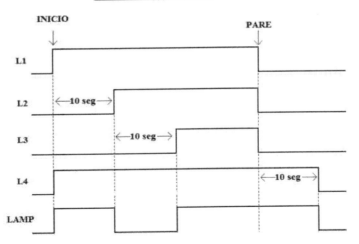

De Lógica Cableada a Lenguaje de Contacto

Vamos a convertir algunos circuitos típicos al lenguaje Ladder.

Convertir el siguiente circuito eléctrico con el esquema eléctrico en lógica cableada a un esquema en diagrama ladder o de contactos.

Circuito eléctrico del mando

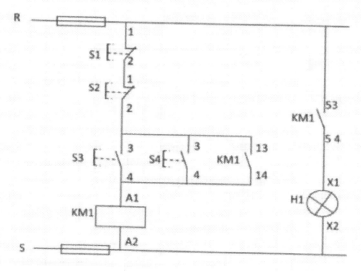

Solución en la página siguiente.

Diagrama Ladder del mando.

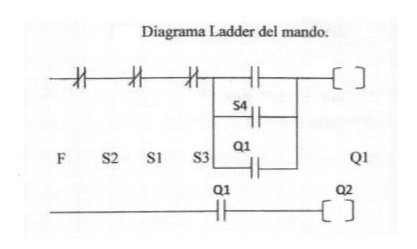

F   S2   S1   S3   S4   Q1

Q1   Q1   Q2

Inversión de Giro Motor Trifásico

INVERSIÓN DE GIRO DE UN MOTOR TRIFÁSICO

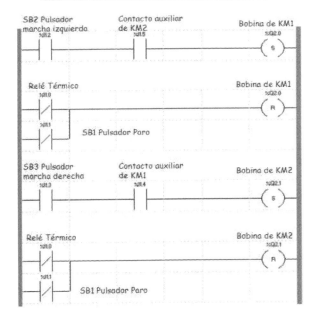

El Semáforo

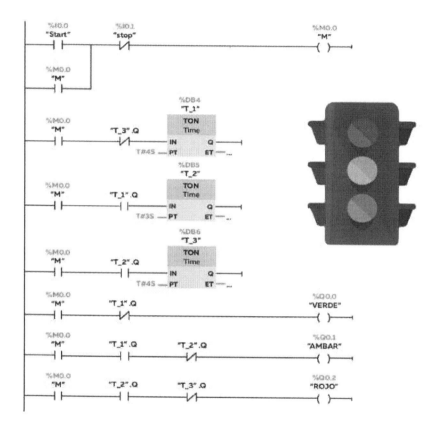

El Autómata Programable

Un Autómata Programable o controlador lógico programable (PLC) es un **dispositivo electrónico programable**, similar a un ordenador digital industrial, que **se utiliza para el control de dispositivos electromecánicos** como el control de máquinas industriales, bombas , iluminación, motores, etc.

En definitiva, el autómata es por tanto **el corazón de la automatización**, permitiendo controlar, coordinar y actuar sobre la parte operativa, es decir la parte física como un robot, un brazo manipulador o una cinta transportadora.

Los fabricantes más famosos son Siemens, Schneider, Telemecanique o Mitsubishi.

Partes de un PLC

Los equipos que responden al concepto de autómata programable industrial se presentan en diversas formas de construcción física y organización interna, pero en todas ellos se distinguen **4 grandes grupos de componentes**:

- **Una unidad de procesamiento (un procesador CPU o microprocesador)**: Ejecuta el programa ingresado en el PLC desde la primera hasta la última instrucción y en un bucle (ver imagen de más abajo).

El microprocesador **realiza todas las operaciones** lógicas AND, OR, temporización, recuento, cálculo, etc.

Las instrucciones se llevan a cabo una tras otra, **secuenciadas por un reloj y de forma cíclica** (repetitiva) quedando definidas por un conjunto de operaciones y un tiempo de ciclo (cuando o cada cuánto se repiten).

El micro ejecuta el programa instrucción por instrucción almacenando los resultados en la memoria.

- **Memorias**: Coexisten dos tipos de memoria.

La memoria del programa donde se almacena el lenguaje de programación que utiliza el PLC. Generalmente es fijo, es decir, en modo de solo lectura. (ROM: memoria de solo lectura).

La memoria de datos utilizable en lectura-escritura durante las operaciones es la RAM (memoria de acceso aleatorio).
.
Esta última (RAM) se borra automáticamente cuando el PLC se detiene

- **Módulos de entrada-salida**:

La tarjeta de entrada es una tarjeta electrónica que en su parte frontal dispone de una regleta de bornes enchufables para el conexionado de los dispositivos de entrada, y un conjunto de indicadores LED de presencia de señal de entrada.

Elementos como pulsadores, interruptores, finales de carrera, sensores de temperatura o presión, etc, suelen conectarse a los terminales de entrada.

Tienen direcciones de entrada y cada sensor está vinculado a una de estas direcciones.

En las entradas se recopila la información recogida de los terminales de entrada, la envían a la CPU que ejecuta el programa que tiene en su memoria RAM y el resultado lo envía a las salidas.

Por los terminales de salida se aporta energía eléctrica para activar a los elementos conectados a ellos.

Relés, contactores, arrancadores de motores, electroválvulas, etc. Son elementos típicos conectados a los terminales de salida.

Estos elementos suelen tener la misión de encender, apagar lámparas eléctricas o arrancar o parar motores.

Las tarjetas de entrada y salida suelen ser modulares, y la modularidad varía entre 8, 16 y 32 canales (terminales).

PARTES DE UN PLC

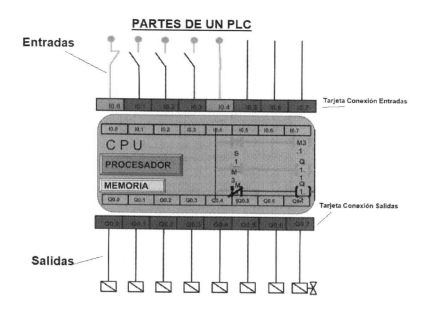

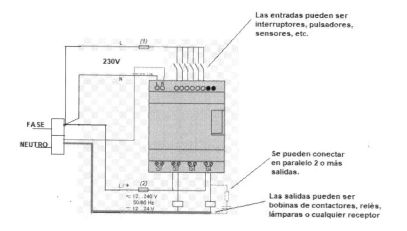

Las entradas pueden ser interruptores, pulsadores, sensores, etc.

Se pueden conectar en paralelo 2 o más salidas.

Las salidas pueden ser bobinas de contactores, relés, lámparas o cualquier receptor

- **Una fuente de alimentación**: Hay de 2 tipos, la que funcionan a 230 V en corriente alterna o las de 24 V a corriente contínua. Los cables de alimentación alimentan a la fuente (fase y neutro en alterna, o cables rojo y azul en cc)

Ahora hablemos de **otras partes también importantes**.

Aparte de estas 4 partes básicas, hay que saber que un autómata programable carece de la capacidad de comunicación con el usuario típica de los ordenadores personales.

Cómo Programar el Autómata

El Programa, previamente introducido por el técnico, trabaja en base a la información recibida por los Sensores o Entradas, actuando sobre las salidas.

En función de las Señales Recibidas de Entrada el Programa establecerá unas Señales de Salida

Entrada ==> Programa ==> Salidas

- **Salidas** pueden ser bombillas, bobinas de contactores o relés, en definitiva cualquier receptor eléctrico.

- **Entradas** pueden ser interruptores, pulsadores, temporizadores, sensores, en definitiva cualquier elemento de control de un esquema eléctrico.

Para las labores de programación existen 2 formas.

- **Desde un Ordenador Externo:** En este caso necesitamos conectar el autómata al ordenador mediante un cable.

Se ejecuta el software del autómata en el ordenador y se escribe el programa en él.

Una vez finalizado se manda al autómata.

Desde el ordenador se pueden hacer pruebas para ver cómo trabajaría el programa antes de enviarlo al autómata.

Esta es la forma más utilizada.

- **En el Propio Autómata**: la mayoría de los autómatas llevan una pantalla sobre la que podemos escribir directamente los programas que queremos que ejecute el ordenador.

Se suele llamar "**Panel Frontal**".

Esta forma se suele utilizar para hacer cambios o revisar programas ya incorporados en el autómata, ya que es más complejo de hacer que en el ordenador.

Tanto el panel frontal, como el ordenador, las tareas principales de estos equipos son:

- Introducción de las instrucciones de programa en el autómata

- Visualización del programa existente

- Modificación y edición del programa

- Detección de errores de sintaxis

- Archivo de los programas en un soporte auxiliar (cinta, disco)

- Verificación del programa durante su ejecución.

- Detección e investigación de averías

El rack o bastidor es un soporte por lo general metálico sobre el cual se montan todos los módulos que componen el PLC.

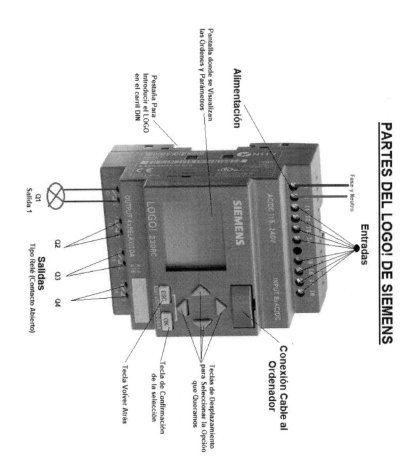

Puede entenderse como la columna vertebral del PLC, ya que es lo que sujeta todo.

Sobre este soporte va adosado el bus de datos (cables que transportan la información) que permite llevar a cabo el intercambio efectivo de información entre todas las partes que forman el PLC así como alimentarlos con la energía eléctrica necesaria para su correcto funcionamiento.

Los distintos módulos se conectarán a las **bahías o slots** que están fijados sobre el bastidor quedando fuertemente asidos al mismo por medio de algún mecanismo lo cual dota al PLC de gran robustez.

Características de un Autómata Programable

Las principales características de un controlador lógico programable industrial, y en las que tendremos que fijarnos antes de comprarlo son:

- **El tipo de rack, bahía o tarjetas** que tiene el autómata.

- **Si es compacto o modular:** Los compactos no se pueden ampliar, los modulares se pueden ampliar comprando más módulos.

- **Tensión de alimentación**: Como ya dijimos 230V en ca o 24V en cc

- **Tamaño de la memoria**: los Megas de la memoria RAM

- **Número de entradas / salidas**: suelen ser de 8, de 16 o de 32 entradas o salidas.

- **Lenguaje de programación**: todos suelen utilizar el de contactos, y luego cada fabricante tiene su propio lenguaje o algún otro basado en las puertas lógicas.

Ventajas de los Autómatas
Las ventajas que incorporan son:

- Fiabilidad.

- Mejora el control de los procesos.

- Permite introducir cambios rápidos en las maniobras y en los procesos.

- Controla y protege los aparatos eléctricos.

- Reduce el volumen de los automatismos.

PLC y Lenguaje de Contactos

La mayoría de los Autómatas y PLCs pueden programarse mediante el lenguaje de contactos,aunque hay algunos que utilizan su propio lenguaje, o el lenguaje de puertas lógicas.

Vamos a ver algunos ejemplos de cómo llevar el lenguaje de contactos a un autómata.

Las entradas del autómata o PLC I1. I2. I3.... se activan mediante la llegada de corriente de los pulsadores o sensores externos conectados a ellas.

Cuando decimos que I1 se activa estamos diciendo cuando le llega alimentación (corriente) a esta entrada.

Cuando a I1 le llega corriente se considera estado 1 o activada, por lo que pasará de un contacto abierto a cerrado.

Pero la llegada (o no) de corriente a I1 y a todas las entradas depende del exterior, es decir de algún pulsador o sensor.

En el primer esquema de la siguiente imagen, esquema de marcha-paro de un motor, la I1 se activará, es decir se cerrará cuando el pulsador P1 se pulse (cierre) y el motor (Q1) arranque (marcha).

Al pulsar P2 se abre I2 y se para el motor.

El segundo esquema hace lo mismo, la diferencia es que el sensor externo, en este caso el pulsador, es normalmente cerrado (NC), por lo que I2 estará siempre activado (cerrado) hasta que pulsemos P2.

Los 2 esquemas hacen lo mismo pero con diferentes elementos externos.

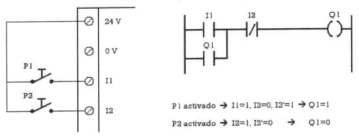

P1 activado → I1=1, I2=0, I2'=1 → Q1=1

P2 activado → I2=1, I2'=0 → Q1=0

Circuito marcha-paro con pulsador NC.

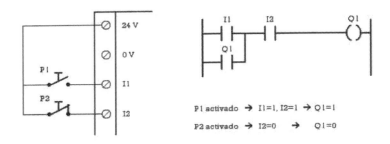

P1 activado → I1=1, I2=1 → Q1=1

P2 activado → I2=0 → Q1=0

Algunas veces en los esquemas, en lugar de representar la entrada I1 se pone el símbolo del pulsador S1.

En el esquema de arriba S1 es un pulsador externo.

Nota: este símbolo del pulsador está desactualizado pero hemos querido ponerlo porque lo encontrarás en muchos esquemas.

Si este esquema lo queremos llevar a la práctica en un autómata o PLC deberemos conectar el pulsador externo a una entrada igual que el estado del pulsador (abierto), por ejemplo a la I1 del PLC.

La entrada I1 hará lo mismo que el pulsador, al cerrar el pulsador le llegará corriente a la I1 y se activará.

Cuando vayamos a realizar nuestro programa tendremos que pensar que ocurre al pulsar S1.

En este caso queremos que el contacto abierto al que va conectado (I1) se cierre y que le llegue corriente a la bobina L1.

Normalmente todas las entradas de los PLC se activan mediante un pulsador o cualquier otro sensor externo.

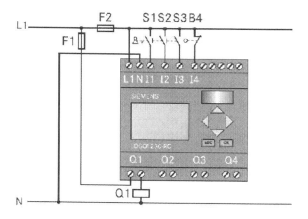

Veamos un ejemplo para el arranque y paro de un motor eléctrico:

OJO en este PLC las entradas se llaman X1, X2... y las salidas Y1, Y2, Y3...

ARRANQUE Y PARO DE UN MOTOR

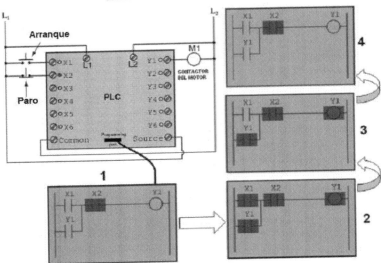

De hecho una de las primeras tareas que debemos hacer a la hora de realizar un automatismo de lógica programada es la asignación de las entradas y salidas del autómata o PLC a las entradas exteriores.

Una vez asignadas las entradas y salidas se conectan los sensores a ellas y después **se introduce en el interior del PLC o autómata el programa que debe realizar**, que puede ser **en forma de lenguaje de contactos** o ladder.

ASIGNACIÓN DE ENTRADAS Y SALIDAS

Símbolo	Circuito	Descripción
S0	I0.0	Detector de proximidad. Determina que hay una pieza lista para ser elevada.
S1	I0.1	Detector fin de carrera. Determina que el cilindro Z1 se halla en su posición inicial.
S2	I0.2	Detector fin de carrera. Determina que el cilindro Z1 se halla en su posición final.
S3	I0.3	Detector fin de carrera. Determina que el cilindro Z2 se halla en su posición inicial.
S4	I0.4	Detector fin de carrera. Determina que el cilindro Z2 se halla en su posición final.
Y1	Q0.0	Electro válvula 3/2 vías. Activa al cilindro Z1.
Y2	Q0.0	Electro válvula 3/2 vías. Activa al cilindro Z2.

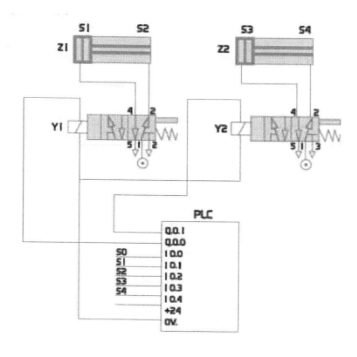

Otros Libros del Autor

- **Circuitos Eléctricos**: Un libro sencillo y fácil de aprender con todos los conocimientos básicos de electricidad y los cálculos en circuitos eléctricos de corriente contínua y alterna.

- **Instalaciones Fotovoltaicas**: Componentes, Cálculo y Diseño de Instalaciones Solares fotovoltaicas. Aprende de forma fácil todos los tipos de instalaciones fotovoltaicas: Aisladas de Red, Conectadas a Red y de Autoconsumo.

- **Máquinas Eléctricas**: Todas las máquinas eléctricas, los motores, los generadores y los transformadores.

- **Electrónica Básica**: ¿Quieres aprender electrónica pero tienes miedo que sea muy difícil? Este es tu libro. Un libro sencillo y fácil de aprender con todos los conocimientos básicos sobre electrónica.

- **Electrónica Digital**: Los fundamentos de la electrónica digital desde cero. Aprende electrónica digital sin necesidad de conocimientos previos.

- **Fundamentos de Programación**: Aprende a programar de forma fácil sin necesidad de conocimientos previos. Además un curso de JavaScript Gratis.

- **101 Problemas de Lógica**: Juegos para agilizar la mente.

- **Estilo Compadre**: Su primera novela. Una novela policial y romántica, donde el pasado vuelve para traer inesperadas consecuencias.

Todos los puedes comprar en la página web del autor en Amazon web "Ernesto Rodriguez Arias".

Made in the USA
Middletown, DE
18 September 2022

10739782R00150